全屋定制

收纳设计全书

姚力 著

江苏凤凰科学技术出版社 · 南京

图书在版编目（CIP）数据

全屋定制收纳设计全书 / 姚力著. -- 南京 ：江苏凤凰科学技术出版社，2021.9（2022.4重印）
ISBN 978-7-5713-2290-8

Ⅰ. ①全… Ⅱ. ①姚… Ⅲ. ①住宅－室内装饰设计 Ⅳ. ①TU241

中国版本图书馆CIP数据核字(2021)第166878号

全屋定制　收纳设计全书

著　　者　姚　力
项目策划　凤凰空间/杜玉华
责任编辑　赵　研　刘屹立
特约编辑　杜玉华

出版发行　江苏凤凰科学技术出版社
出版社地址　南京市湖南路1号A楼，邮编：210009
出版社网址　http://www.pspress.cn
总　经　销　天津凤凰空间文化传媒有限公司
总经销网址　http://www.ifengspace.cn
印　　刷　北京博海升彩色印刷有限公司

开　　本　710 mm×1 000 mm　1 / 16
印　　张　11
字　　数　176 000
版　　次　2021年9月第1版
印　　次　2022年4月第2次印刷

标准书号　ISBN 978-7-5713-2290-8
定　　价　69.80元

目录

第一章 玄关

重点概念：收纳空间，收纳物品，人体工程学。

本章导读：玄关设计时，应着重考虑行为动线、视线观察、访客接待、物品收纳四个方面，其中物品收纳尤为关键。本章重点介绍玄关收纳要求、玄关内收纳物品的分类、玄关收纳空间设计要点、玄关收纳案例分析等内容。

第一节 玄关类型与功能

一、玄关在户型中的位置

1. 板式住宅

板式住宅是当今我国住宅户型的主流，大多为一个单元楼梯或电梯连接各楼层，每层住宅布局呈横向排列，各户型均有南向房间，适用性、舒适性较好，但是玄关空间存在优劣之分，需要根据具体户型来设计收纳空间。

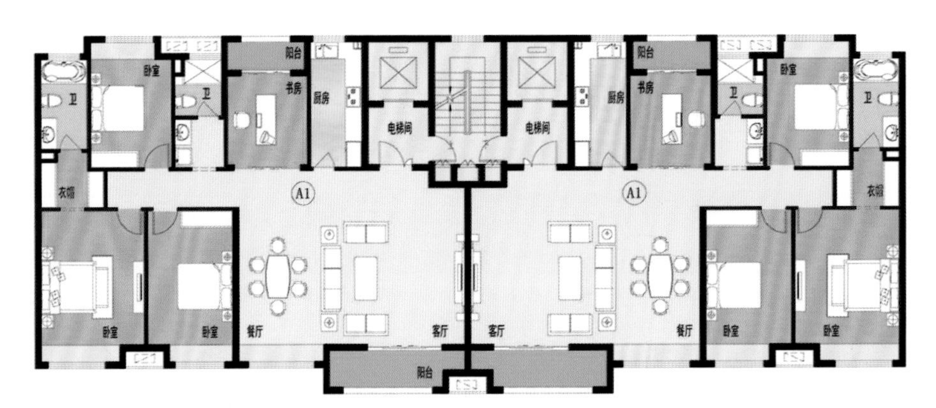

↑无玄关户型平面

玄关位置： 无玄关，需要划分出玄关空间。

评价： 玄关位于客厅边侧，需要独立设计有效功能区。

玄关位置： 玄关位于走道中央。

评价： 玄关位于走道中央，餐厅与客厅分区不明显，适用于进深较大、紧凑型的户型。这种户型要严格控制玄关的换鞋区面积，避免从客厅到卧室的动线穿过玄关换鞋区，以致污染室内各空间。

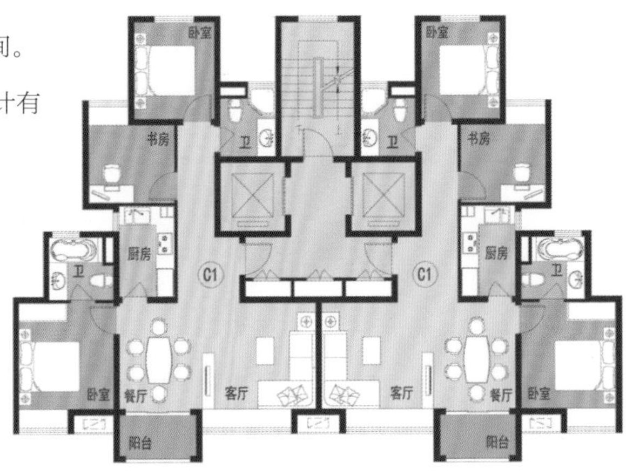

↑玄关在走道中央的户型平面

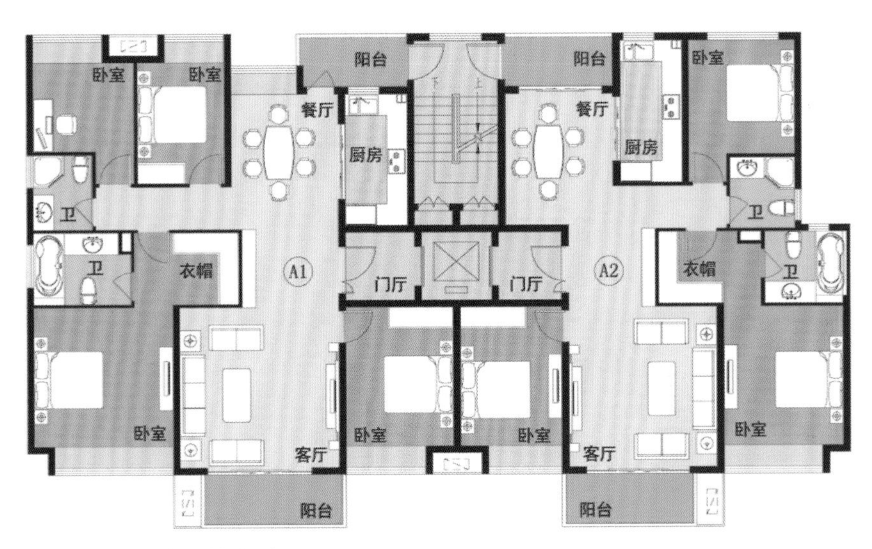

↑玄关有独立空间的户型平面

玄关位置：玄关有独立空间，室内活动频率较高。

评价：建筑的通风性能好，可将玄关设计在户型中央，利于南北通风，方便鞋、雨伞等物品的存放。

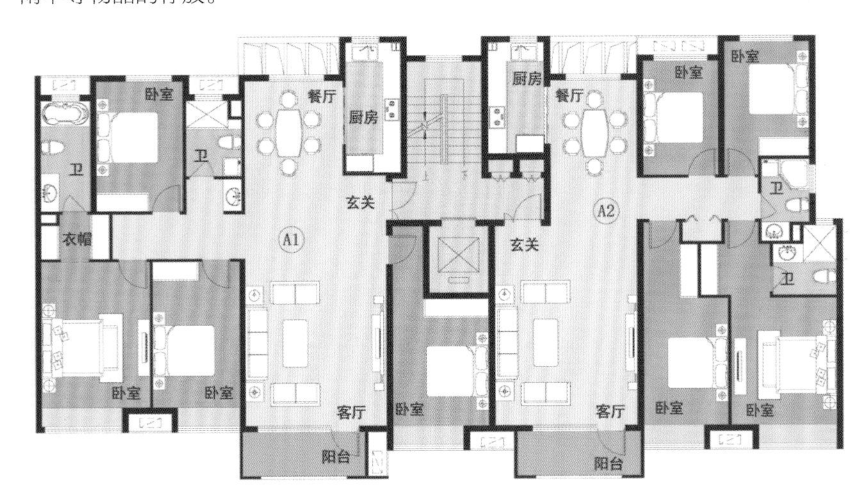

↑玄关空间独立集中的户型平面

玄关位置：玄关空间独立集中。

评价：玄关空间位于餐厅、客厅、走道的端头，有独立的活动空间，如果想增强玄关的储物功能则有一定难度，需要紧凑化设计，可以考虑占用部分客厅、走道的空间。

2.塔式住宅

塔式住宅是由一个单元独立修建的，最初是由办公楼或公寓转变而来的，能有效控制建筑的占地面积。通常每层楼都在中央集中布置楼梯与电梯，各住宅户型环绕或半环绕楼梯与电梯进行布置，多层住宅每层可以安排4～8户，甚至达到12户。玄关空间大多比较紧凑或缺失，需要在设计过程中不断完善、补充玄关空间。

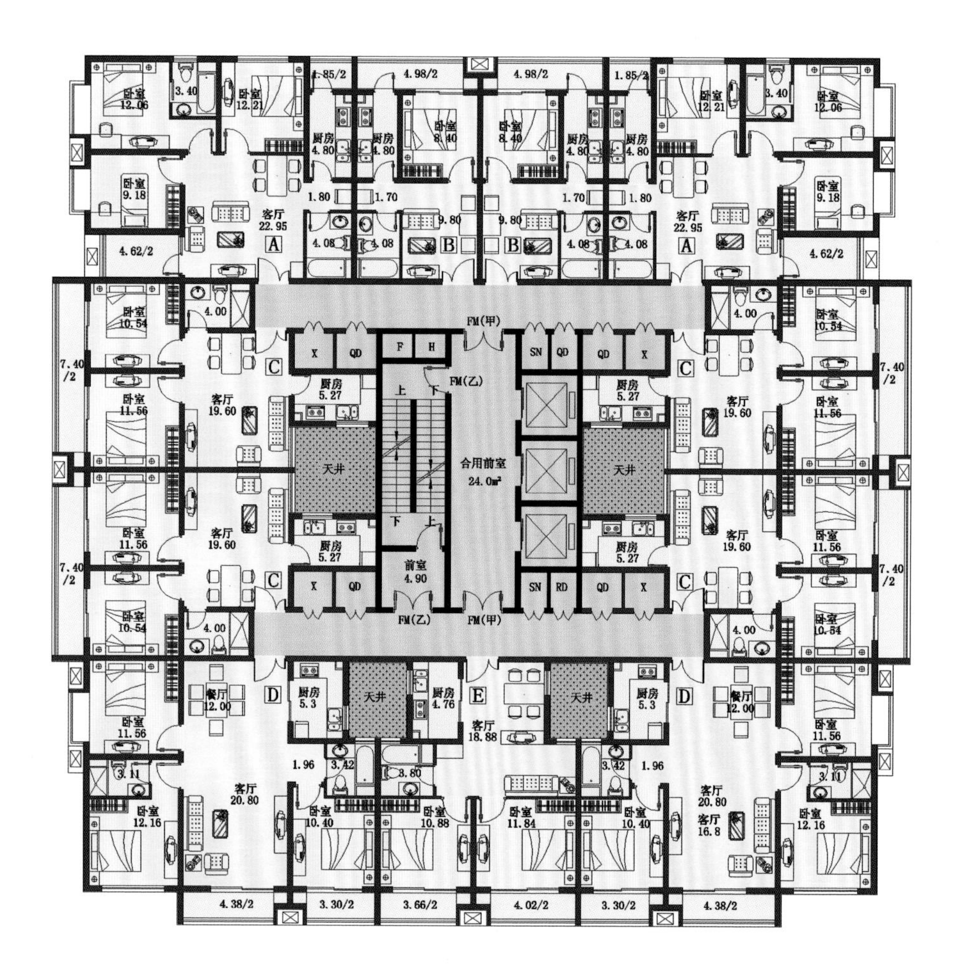

↑塔式住宅户型平面

玄关位置：玄关空间仅在大户型中才被独立出来。

评价：虽然塔式住宅的空间利用率高，但是这仅仅是针对建筑主体而言的。细化到每个户型，朝向并不统一，加上大、小户型相互穿插，因此并不是每个户型都具有完善的玄关空间，所以在空间收纳上要根据户型特色进行设计，留出足够放置鞋柜的空间。

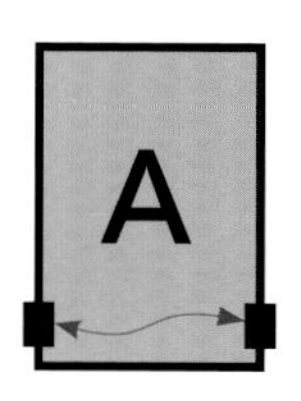

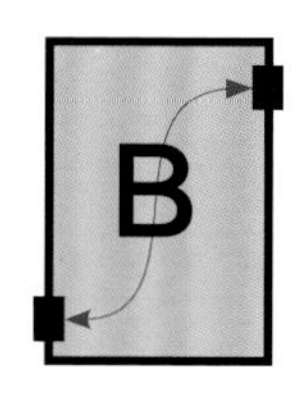

←入户玄关与阳台开门位置关系

玄关位置：玄关位于入户阳台处。

评价：从入户门到房间门为直线流通，能对玄关空间加以利用（A）；需要倾斜穿越两扇门，导致玄关空间被动线分割，不方便布置收纳家具（B）。

二、玄关区活动需求

人在玄关区的行为活动种类较多，这些活动都需要对应的收纳空间。

玄关区活动需求

需求类型	场景图	相应设计要求
物品暂存	 	设计台面用来放置提包、帽子、钥匙、手机、雨伞等物品。能够临时存放购买的生活物资（进门后）和垃圾（出门前）
鞋子收纳	 	不能直接看到鞋子混乱摆放的场景。鞋柜能摆放在用的鞋子与不用的鞋子，能放置鞋子养护物品
换衣、换鞋	 	能从鞋柜中取鞋，坐在鞋凳上换鞋，满足多人同时换鞋，还需要有衣帽的收纳空间
污洁分区	 	避免将室外尘土带入室内，设立污洁分区，地面材料要具有防滑、耐污、耐磨损性能

续表

需求类型	场景图	相应设计要求
整理仪表	  整理仪表（穿衣镜设置）	安装镜子用于出门前检查仪表，确保人与镜子之间的距离，且预留主人与客人交谈的空间
设备安装	  门铃设置　门禁系统设置	门铃安装位置不能与家具摆放位置冲突，门铃高度为1300 mm。别墅住宅需要在其他楼层各设置一套门禁系统，确保响铃与通话顺畅
	  鞋柜局部照明　整体照明	要避免照明灯具位置被遮挡，兼顾家具摆放与设置，如鞋柜、穿衣镜等
	  电表箱装饰画　电表箱涂漆	电表箱不应当出现在人的视野范围内，电表箱盖板颜色与墙面颜色应当一致或接近，可以用装饰画遮挡
生活便捷		具有一定书写空间，能接收快递、外卖
宠物活动		设计宠物休息处，在进出门时拴放宠物

三、玄关收纳物品分类

玄关收纳物品种类繁多，每种物品尺寸不一，收纳物品的家具内部空间尺寸也应当多样化。

鞋、衣物

分类	物品	收纳方法	物品尺寸
鞋	运动鞋	置于鞋柜内160 mm高的格子中	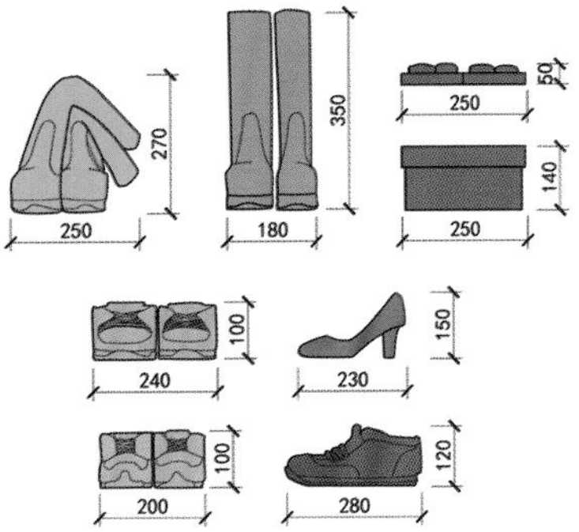 250、270；180、350；250、50；250、140；240、100；230、150；200、100；280、120
	高跟鞋	内置鞋撑，置于鞋柜内160 mm高的格子中	
	平跟鞋	置于鞋柜内高度为120 mm的格子中	
	短靴	置于鞋柜内高度大于或等于200 mm的格子中	
	长靴	置于鞋柜内高度大于450 mm的格子中，平放或内置鞋撑	
	棉毛拖鞋、凉拖鞋	置于鞋柜内高度为80 mm的格子中，或插入另一只鞋后竖挂在搁架上	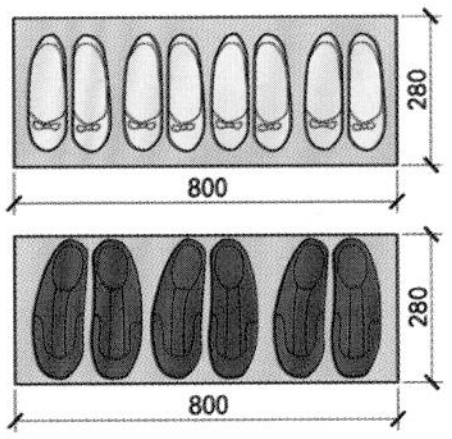 800、280；800、280
	鞋盒	置于鞋柜内180 mm高的格子中	
衣物	外套	夹克收纳空间高度为900～1100 mm	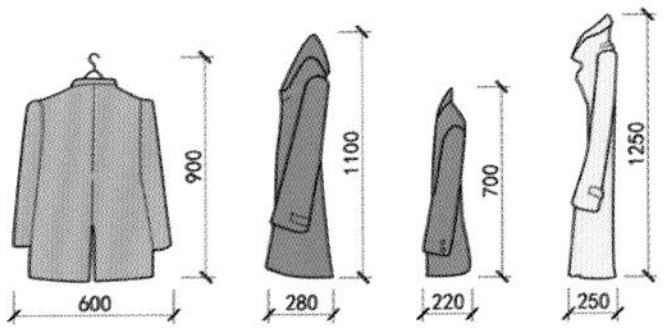 600、900；280、1100；220、700；250、1250
		大衣、风衣收纳空间高度为1000～1400 mm	
其他		衣柜通常有600 mm与400 mm两种深度。深度为600 mm的衣柜不利于放鞋，玄关较少使用；深度为400 mm的衣柜内可挂置衣物，正面朝门，柜体宽度为600 mm	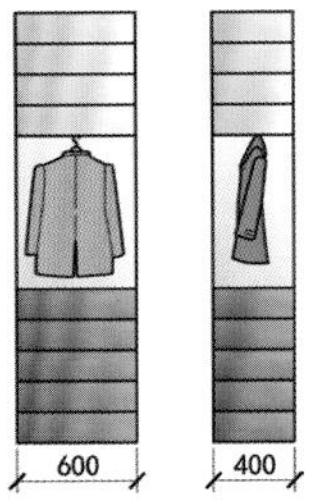 600；400

其他收纳物品

分类	物品	收纳方法	物品尺寸
随身物品	钥匙	采用挂钩、小抽屉储藏	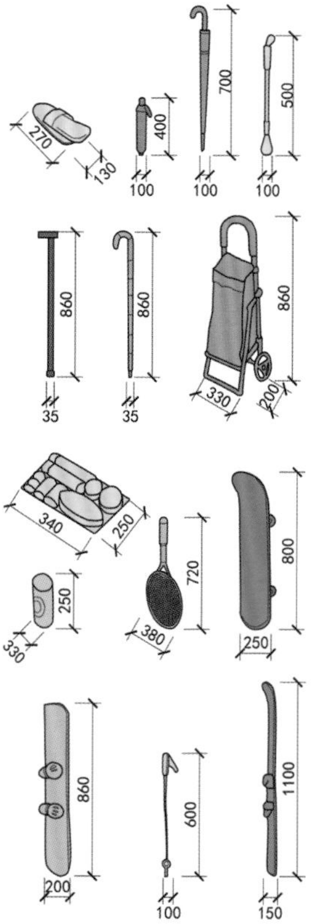
	包	放置在鞋柜台面上	
	雨伞	干雨伞悬挂或竖放在鞋柜内的雨伞桶中，湿雨伞要考虑雨水的汇集与排放 	
与鞋相关的用品	鞋拔子	悬挂在侧面，方便拿取 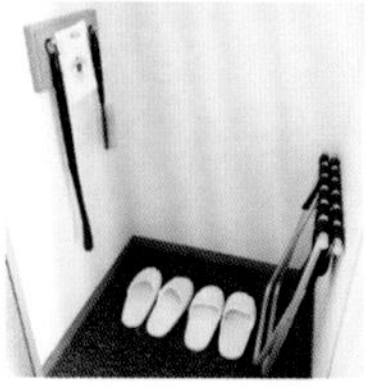	
	擦鞋工具	收纳在整理箱内，置于柜体的中低处 	
生活辅助工具	购物推车	竖向放置在合适的格子内	
	拐杖	悬挂或竖放在鞋柜内，便于老人看到并拿取	
体育用品	网球拍、羽毛球拍	收纳在球包内，竖放在鞋柜中或横放在鞋柜高处	
	球类	收纳在网筐、储物箱内，放置在鞋柜高处	
	单板车	竖放在鞋柜中大小合适的格子内或靠柜内壁放置	
	滑板、滑雪板	滑雪板长度较大，竖向放置在通高柜体中	
	折叠自行车	折叠后靠玄关墙放置	

注：如果玄关空间有限，可以将体育用品收纳在储藏室、阳台等空间。

四、玄关布置与尺寸

1. 玄关家具布置形式

玄关布置应考虑放置鞋柜、鞋凳等家具，方便家庭成员出入时脱鞋、穿鞋及收纳鞋。

鞋凳与鞋柜并排布置，适合净宽尺寸小、两侧墙面长的玄关。

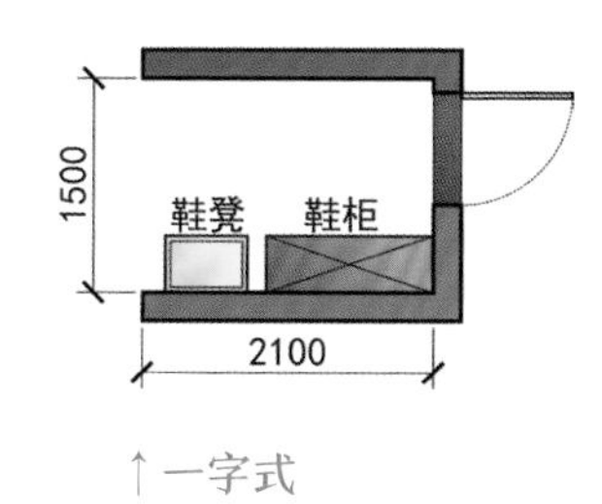

↑一字式

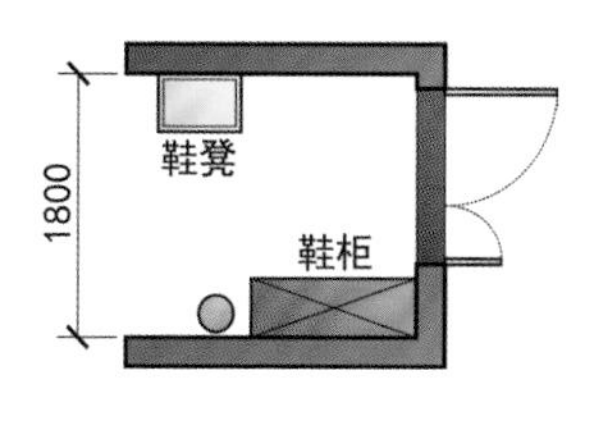

↑双排式

鞋凳与鞋柜对立布置，适合净宽尺寸大的玄关。

鞋凳与鞋柜呈L形，在角落布置，鞋柜靠墙，与入户大门相对。

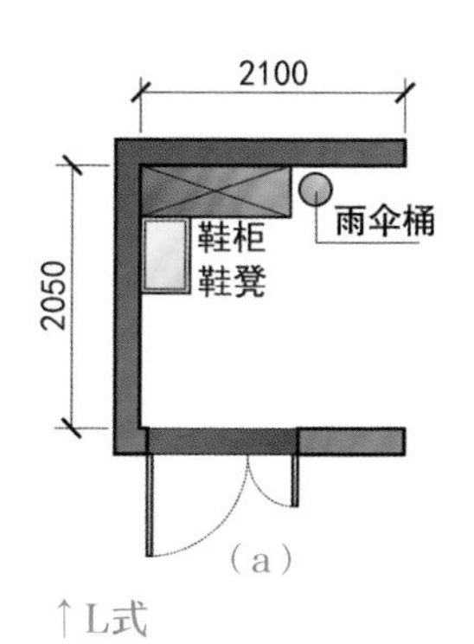

（a）

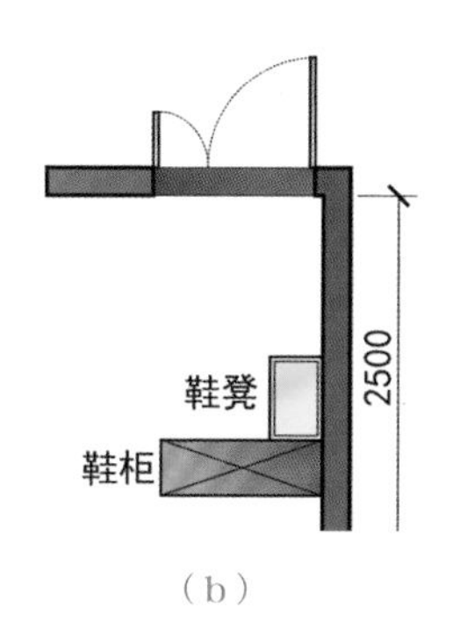

（b）

↑L式

利用鞋柜分隔玄关与客厅空间，避免陌生人对客厅一览无余。

2. 玄关家具尺寸设计

若玄关家具尺寸合适，则有助于更好地利用这一空间。

玄关鞋柜深度为320～350 mm，门套线宽60 mm，靠鞋柜的墙垛宽应在420 mm以上。

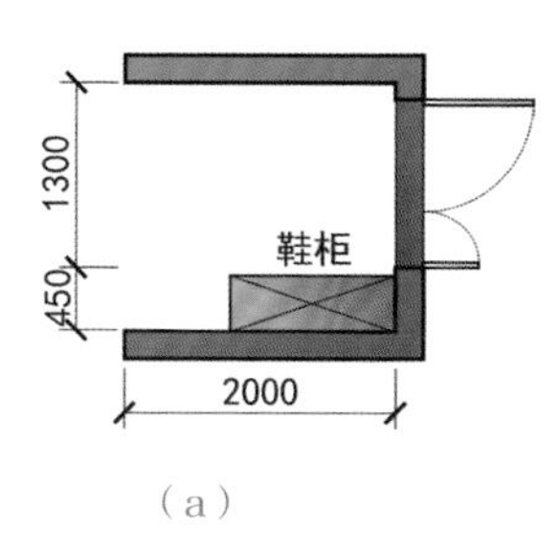

（a）

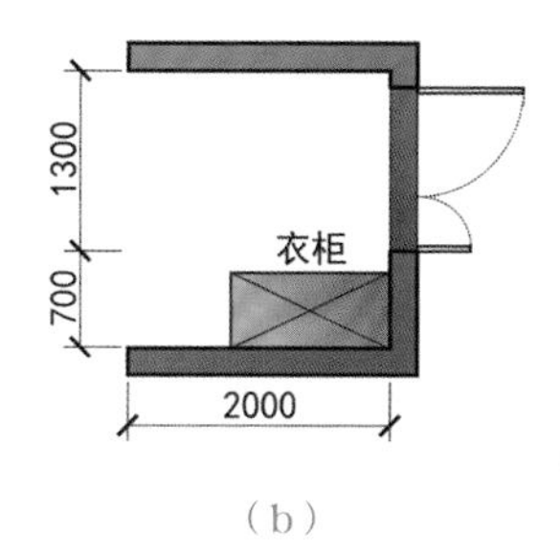

（b）

↑玄关的墙垛长度

较宽的玄关可以设计衣柜，衣柜深度为600 mm，加上门套线宽度60 mm，靠衣柜的墙垛宽应在660 mm以上。

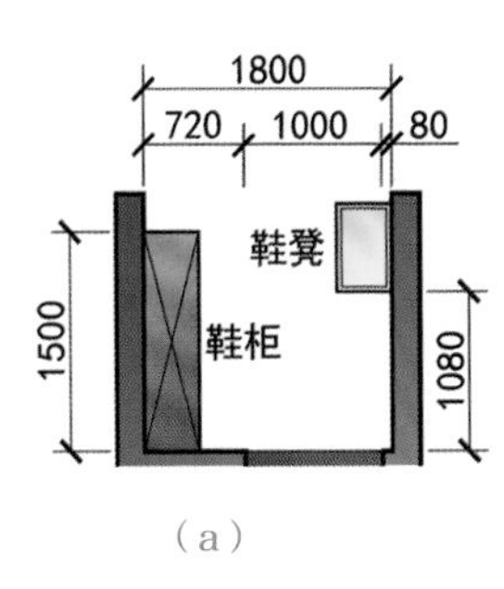

（a）

玄关鞋凳与入户门之间的距离应大于门扇宽度，避免开门后相碰。

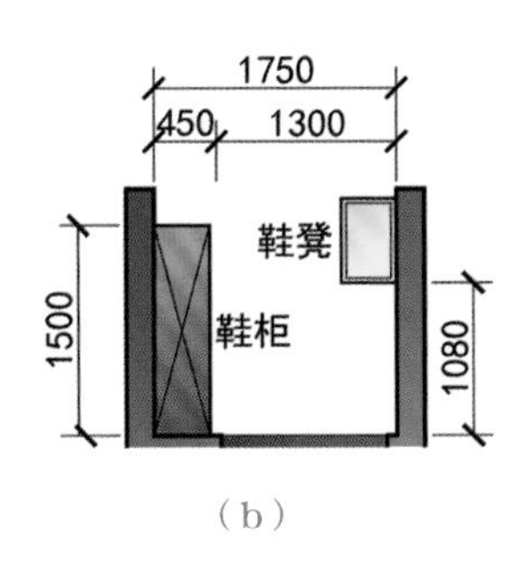

（b）

双开入户门，玄关应当加大宽度，保证放置鞋柜的墙垛宽达到450 mm以上。

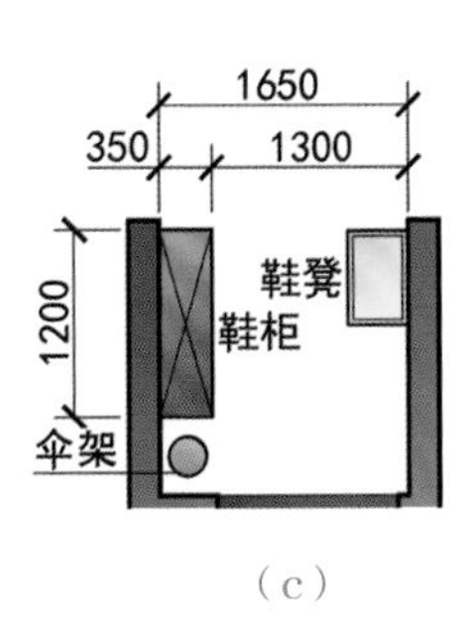

（c）

玄关的墙垛宽度不足400 mm时，可以在鞋柜与墙垛之间放置雨伞架，同时玄关深度宜较长，能放置更多鞋柜。

↑典型玄关内家具布置尺寸

五、人在玄关的行为活动尺寸

人在玄关的活动尺寸受空间形态影响，进行玄关收纳设计时要参考入户开门的方位。

满足多人活动需求

行为活动	单人穿鞋	单人穿鞋，保证其他人通过	单人穿鞋，保证其他人开鞋柜门拿取物品	单人穿鞋，保证另外两人侧身通过
玄关尺寸	900 鞋凳 鞋柜	1000 鞋凳 鞋柜	1100 鞋凳 鞋柜	1250 鞋凳 鞋柜

满足接待活动需求

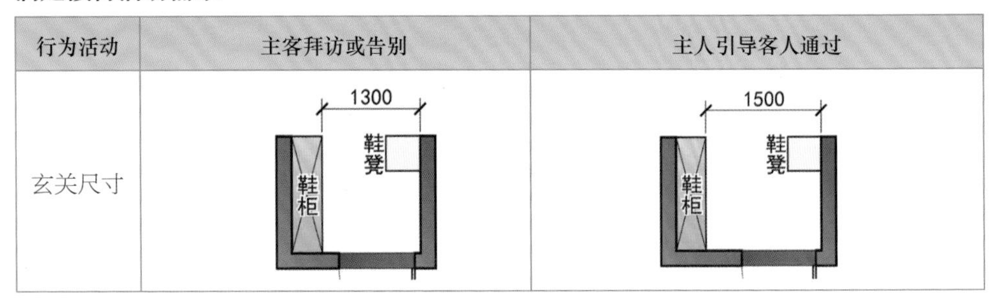

行为活动	主客拜访或告别	主人引导客人通过
玄关尺寸	1300 鞋凳 鞋柜	1500 鞋凳 鞋柜

第二节 玄关家具尺寸设计

一、按高度分区的玄关鞋柜

根据使用的舒适性和便利性，鞋柜可按高度划分成不同的区域。

1. 柜体底部，高度在250 mm以下

柜体底部适宜采用开敞结构，常用的鞋子可以放入其中，无需弯腰动手，收纳方便。

↑架空鞋柜

采用架空的方式设计鞋柜，方便底部内置灯光。

↑架空支撑鞋柜

采用有支撑的底面抬高鞋柜，适合放置拖鞋与常用鞋，方便站着穿鞋。

↑封底鞋柜

如果鞋柜底面不抬高，则需要制作踢脚板，高度为80～100 mm，防止换鞋时踢到柜体。

2. 柜体中低区域，高度在1500 mm以下

低于人的视线，多存取常用物品，如鞋、包、钥匙。高度在700 mm以下的空间需要弯腰或下蹲存取，可以设计收纳短靴、长靴的大格；高度为900～1200 mm的空间可以设计台面或抽屉。

→中低鞋柜

3. 玄关鞋柜高度分配

玄关鞋柜按高度分区应当设定尺寸段，不同区域收纳不同物品。

玄关鞋柜高度分配

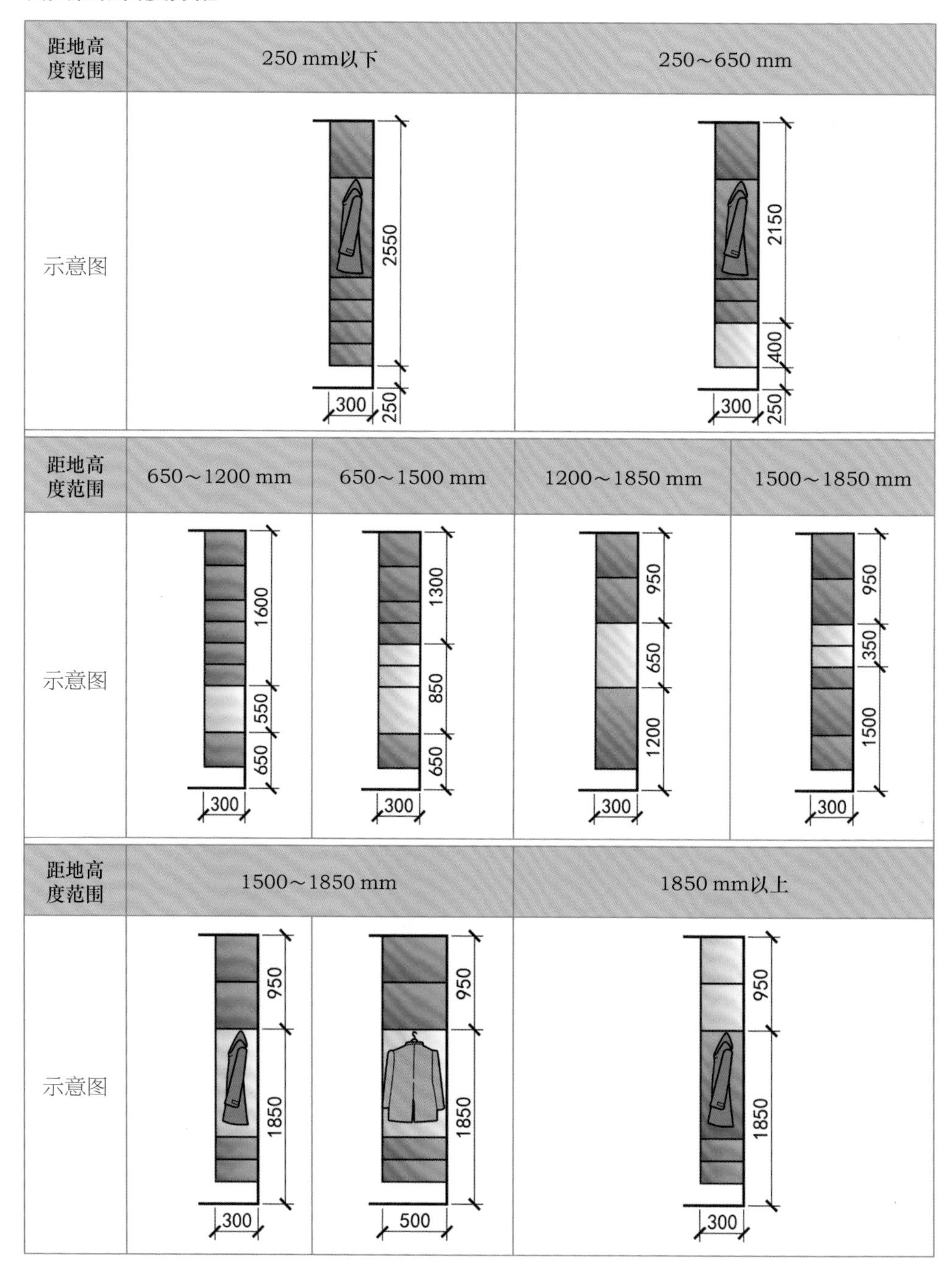

二、玄关无障碍设计

1. 在玄关使用轮椅

轮椅使用者开门，需要预留轮椅旋转、移动的空间，大多数轮椅的旋转直径为900 mm以内。

（1）轮椅通行台面下部：

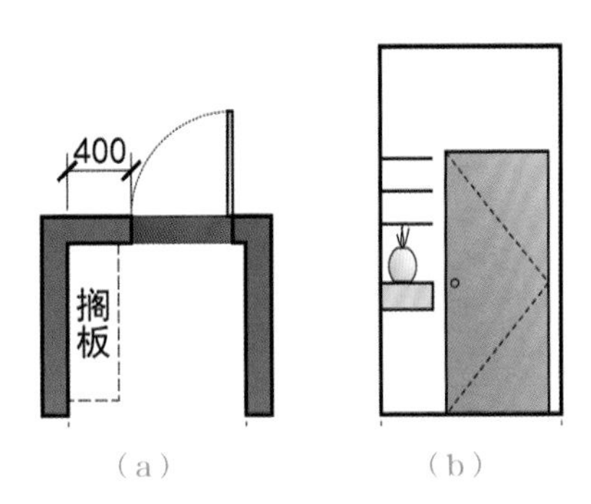

（a）（b）

←轮椅使用者借用玄关台面下部空间示意图

轮椅使用者开门，需要轮椅踏脚板展开的空间，这时在门旁如有宽400 mm的墙垛，空间不足时可借用其他区域的下部空间展开轮椅。

（2）轮椅通行的宽度：

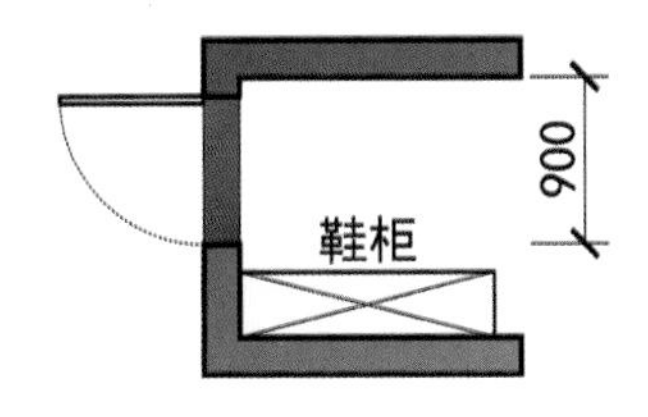

←合理的轮椅通行宽度

轮椅通过的最小极限宽度为700 mm，宽松宽度为900 mm，轮椅使用者开门需要借鞋柜下部空间，鞋柜底面距地面应大于700 mm。

（3）轮椅与护理人员侧身通行的宽度：

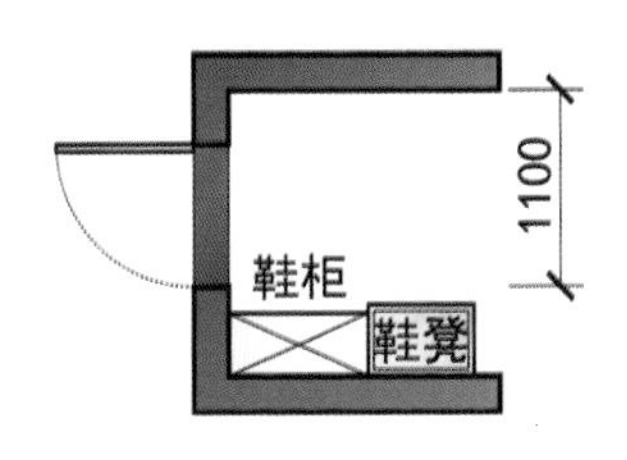

←轮椅＋一人侧身通行的宽度

预留推轮椅者通行空间，例如，护理人员准备推轮椅出门时，先绕过轮椅去开门，再回来推轮椅，这时玄关通过宽度应包含轮椅宽度与人侧身通过宽度，人侧身宽度约为300 mm，所以整体空间宽度应当大于1100 mm。

2. 照顾老人行为活动

（1）无障碍台面高度：

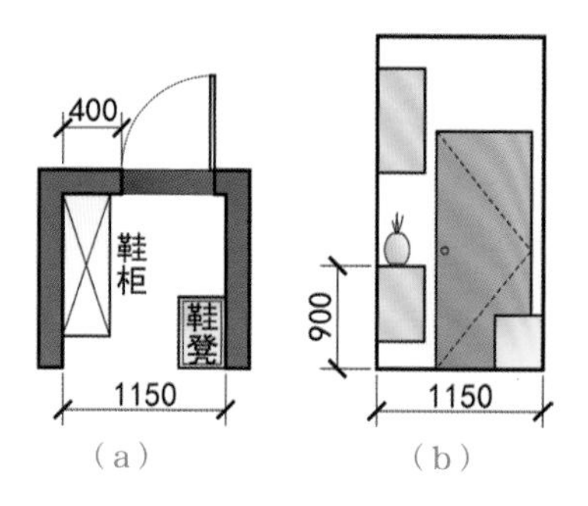

↑老人支撑台面高度示意图

若老人需通过支撑台面站立、穿鞋，则台面高度应为900 mm左右，具体应当根据使用者身高进行精准设计。

（2）无障碍扶手：

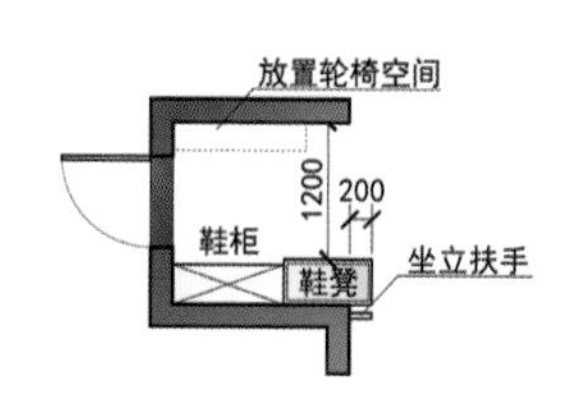

（a）玄关空间平面图

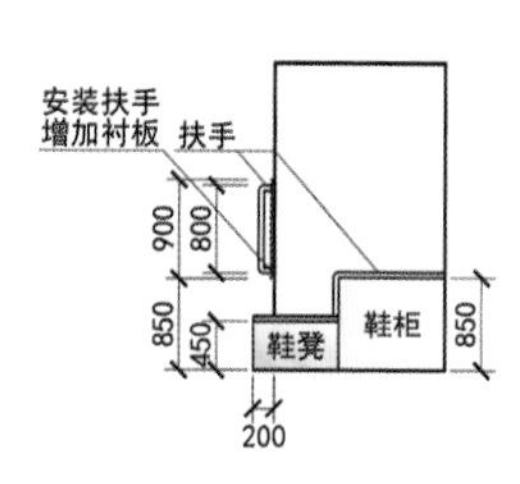

（b）扶手安装示意图

↑玄关扶手示意图

玄关无障碍设计应设置800 mm高的横向扶手，能帮助使用者站立起身。

三、玄关改造设计

1. 调整户型设计玄关

入户大门与厨房门临近，无法设计玄关收纳柜时，可以将厨房门更换位置，腾出空白入户墙面用于设计柜体。

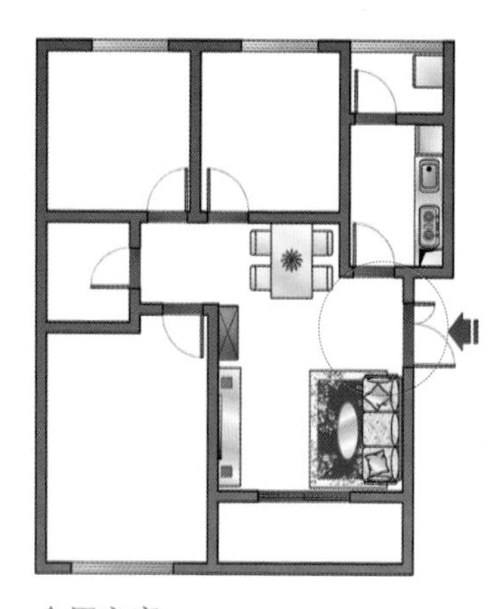

↑原方案

原方案无明显的玄关空间。

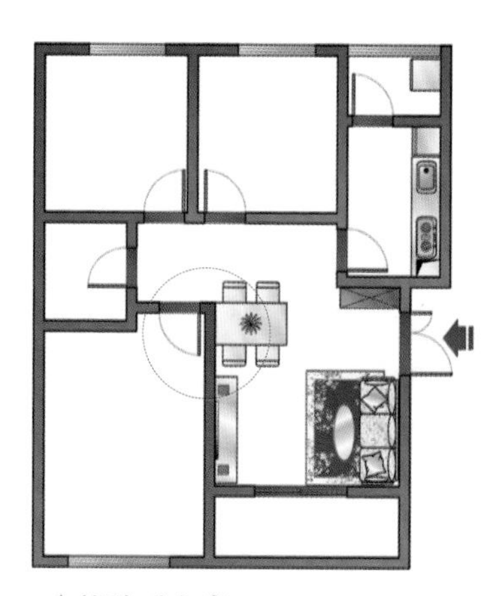

↑修改后方案

经过修改设计，改变厨房开门的位置，为玄关空间增加放鞋柜或衣柜的位置。

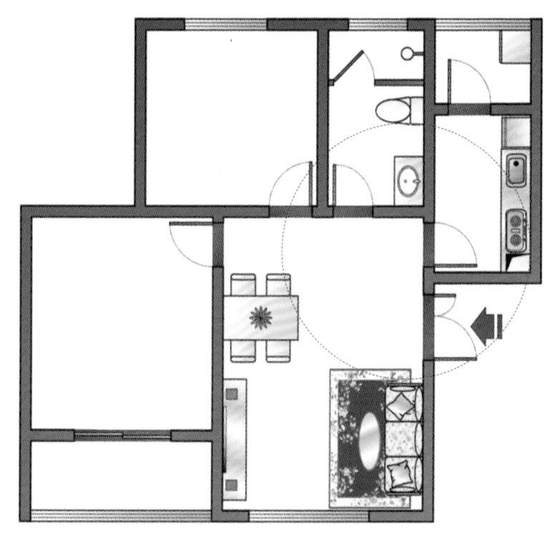

↑原方案

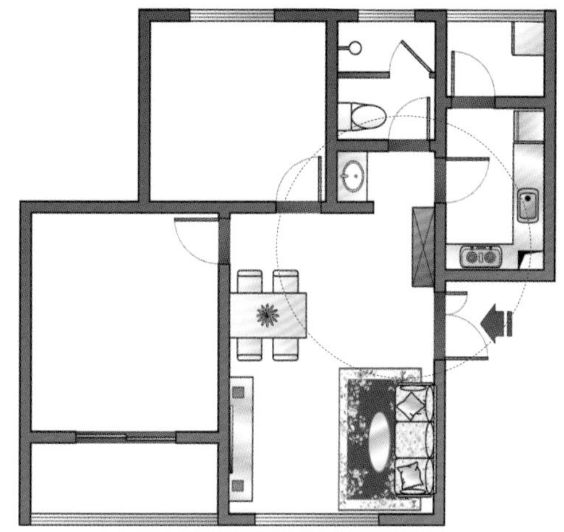

↑修改后方案

原方案无明显的玄关空间。

调整厨房和卫生间的布局设计，增加了厨房的使用面积，对卫生间进行干湿分区，并增加了玄关放收纳柜的空间。

2. 调整入户门设计玄关

细微调整入户大门的位置，不影响室外建筑格局，具体要根据建筑设计要求与物业管理规范来执行。

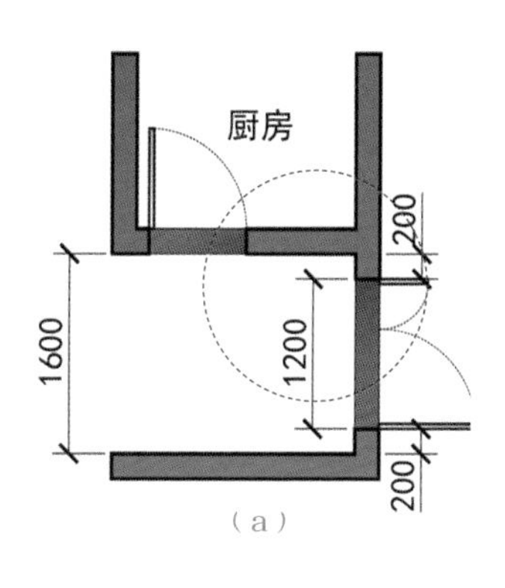

玄关净宽1600 mm，边侧为厨房门，入户门居玄关正中，不利于鞋柜布设。

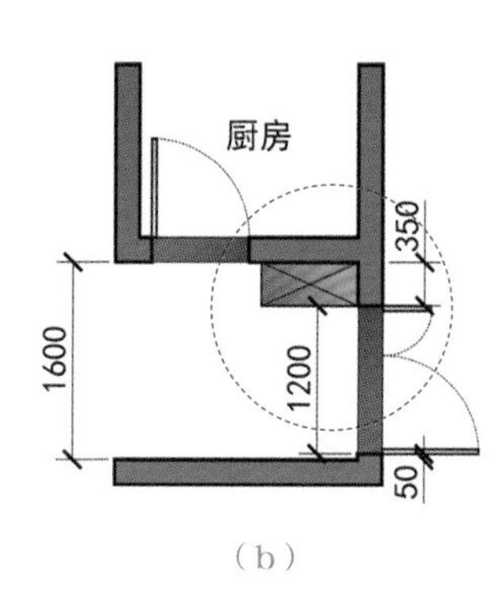

入户门靠较长的墙一侧移动，能获得放置鞋柜的深度空间，但是墙面不够长，存放鞋子不够多。

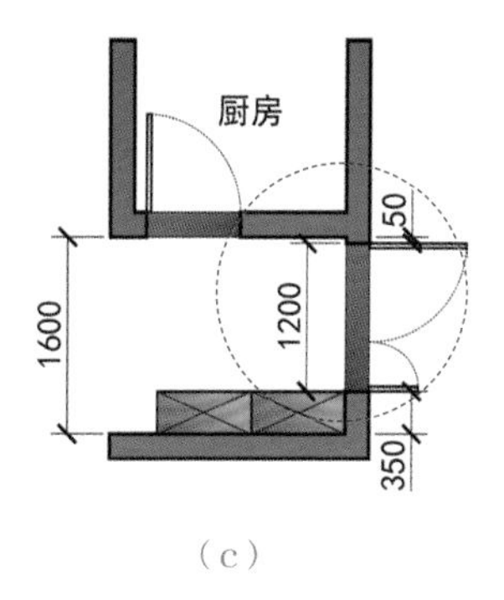

入户门靠厨房墙一侧移动，改变开门方向，玄关有足够放置鞋柜的长度与深度空间。

↑入户玄关改造示意图

第三节 玄关收纳空间设计要点

一、玄关收纳家具

根据玄关空间大小，可设置不同的家具用于收纳。

←高柜

高度： 大于2000 mm

评价： 高柜收纳量大，缺少放置零碎物品的外部分格，台面空间有限。

←中低柜

高度： 900～1200 mm

评价： 中低柜台面方便随意放置各种物品，但收纳量较小。

↑中低柜+吊顶柜

高度： 楼层净空高

评价： 中低柜与吊顶柜结合，能保证收纳量，也有台面可供使用，但吊顶柜高处不方便拿取物品。

↑入墙式鞋柜

高度： 楼层净空高

评价： 当玄关空间不足时，可以在装修时预留墙体洞口，方便设置入墙式鞋柜，同时设置鞋凳，在鞋凳上方安装挂钩放置各种帽子与包包。

↑鞋架

将鞋放在鞋架上，利于通风，易于观察，便于更换时拿取，但容易使玄关显得凌乱。

↑带收纳栏的鞋凳

鞋凳样式多变，多功能鞋凳兼顾鞋架、收纳栏、鞋凳功能，让空间使用率更高，空间更加整洁，同时满足换鞋需求。

←收纳箱

常见的整理箱可以兼作鞋凳，这时应选用材料结实、结构坚固的整理箱，或根据收纳物品的数量与类型定制。

↑衣帽架

衣帽架可以是开敞衣帽柜与鞋柜的结合体，入户后的脱衣换鞋更方便，但放置在玄关的物品容易显得杂乱。

↑挂衣钩、立式挂衣架

挂衣钩背板钉墙的安装会比较麻烦，应当使用电钻钻孔，预埋膨胀栓再安装各种挂架，立式挂衣架方便挂取衣物，但是比较占空间。

二、鞋子收纳数量需求

1. 玄关处鞋子的数量

北京、上海、广州、深圳等地区人均鞋子的数量统计如下：

↑人均鞋子数量统计

收纳鞋子是指常用的鞋子，备用鞋子是指基本不常用的鞋子。收纳鞋子数量为8双，备用鞋子数量为4双，则鞋子共计收纳量为12双。

家庭成员数量不同，在玄关需要收纳鞋子的数量也不同。

2～5人家庭鞋子数量（双）

家庭人数	收纳鞋子数量（双）	备用鞋子数量（双）	合计（双）
2人	16	8	24
3人	24	12	36
4人	32	16	48
5人	40	20	60

2. 家庭成员的鞋子收纳量

（1）各类人群对鞋子的需求量：通过对大城市的相关统计与调研，发现不同人群对不同鞋子的需求量是不同的，如下表所示。

不同人群鞋子的拥有量（双）

<table>
<tr><th colspan="2">项目</th><th>青少年男性</th><th>青少年女性</th><th>普通成年男性</th><th>普通成年女性</th><th>老年人</th></tr>
<tr><td rowspan="5">鞋的类型</td><td>运动鞋</td><td>2～3</td><td>1～2</td><td>1～2</td><td>1～2</td><td>1～2</td></tr>
<tr><td>拖鞋</td><td>2</td><td>2</td><td>2</td><td>2</td><td>2</td></tr>
<tr><td>凉鞋</td><td>1</td><td>1～2</td><td>1</td><td>2～3</td><td>1</td></tr>
<tr><td>皮鞋</td><td>1</td><td>1～2</td><td>2～3</td><td>4～5</td><td>1</td></tr>
<tr><td>冬季保暖鞋、靴</td><td>0～1</td><td>1～2</td><td>0～1</td><td>2～3</td><td>2～3</td></tr>
<tr><td colspan="2">合计</td><td>6～8</td><td>6～10</td><td>6～9</td><td>11～15</td><td>7～9</td></tr>
<tr><td colspan="2">平均数</td><td>7</td><td>8</td><td>7</td><td>13</td><td>8</td></tr>
</table>

（2）放置于地面的鞋子数量：一般家庭占用玄关地面的鞋子数量为8～10双，因此，玄关设计需要考虑这些鞋子的收纳空间，大多数鞋子在鞋柜底部放置。

3. 不同类型鞋柜的基本收纳量分析

（1）针对实际需求，对鞋柜大小与收纳量进行综合考虑，计算皮鞋、高跟鞋、拖鞋、长靴、鞋盒、雨伞等收纳数量。

（2）用具体数字反映收纳量。精确计算出鞋柜所能收纳的鞋子数量，准确反映家庭成员的真实需求。

（3）计算男鞋与女鞋的基本收纳尺寸。一双男鞋的宽度为250 mm左右，一双女鞋的宽度为200 mm左右，两双男鞋与3双女鞋的宽度之和是合理的柜体宽度，对应的柜体宽度为1000～1200 mm。

（4）分析鞋柜的基本类型。鞋柜主要分为两类，一类为宽400 mm的单开门鞋柜，另一类为宽800 mm的双开门鞋柜。

不同类型鞋柜的收纳量推算

鞋柜类型		单开门	双开门	鞋柜类型	单开门	双开门
中柜（高900 mm）	示意图	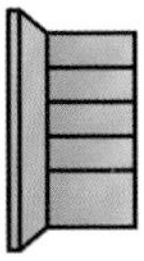	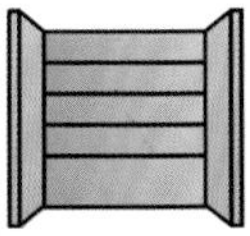	中柜（高1100 mm）	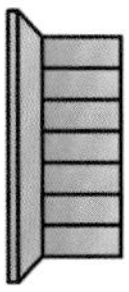	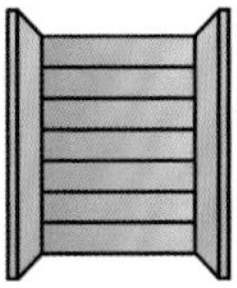
	收纳量	12双（男4双、女8双）	24双（男8双、女16双）	收纳量	16双（男6双、女10双）	32双（男12双、女20双）
中低柜+吊顶柜（高1350 mm）	示意图	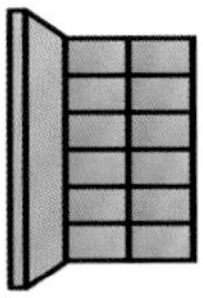 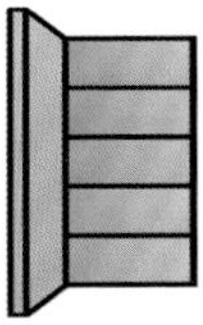	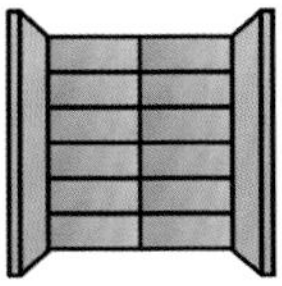 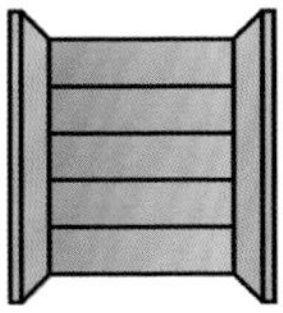	高柜（高2000 mm）	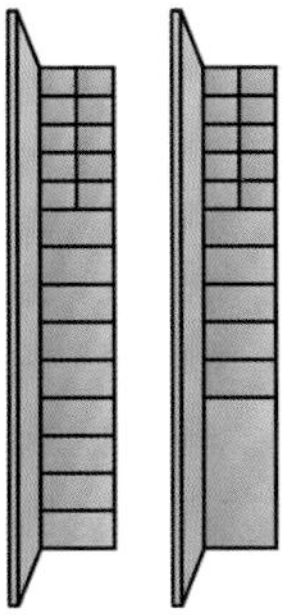	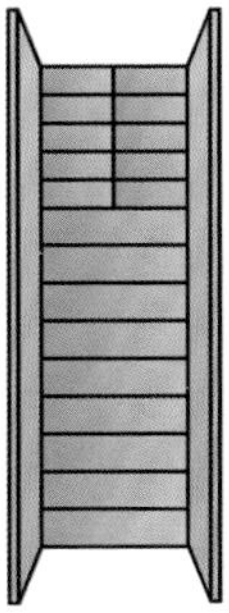
	收纳量	30双（男6双、女8双、鞋盒16个）	60双（男14双、女18双、鞋盒28个）	收纳量	左图：32双（男8双、女12双、鞋盒12个） 右图：30双（男6双、女12双、鞋盒12个）	64双（男14双、女28双、鞋盒22个）

三、玄关鞋柜设计要点

1. 柜体

玄关鞋柜的柜体收纳率来源于柜体的密度设计，设计较多搁板是提高收纳量的唯一方法。

←搁板鞋柜

鞋柜内部净深320 ~ 360 mm，再加上薄背板与门扇的厚度，鞋柜整体深度宜为360 ~ 400 mm，同时兼顾存储其他物品。

←转架鞋柜

鞋架柜体的净深不应小于320 mm，鞋架中的鞋子倾斜放置，能有效利用空间。

←衣柜＋鞋柜

里面设置了挂衣杆的柜体深度为420 mm。外面鞋柜深度为600 mm，分成了里侧和外侧两部分。里侧200 mm放鞋盒，外侧400 mm放鞋。

←翻斗鞋柜

深度为220 mm的鞋柜，鞋子采用插入的方式收纳，收纳量较低，鞋柜背板、底板宜留有通风孔，保证柜内空气流通。

2. 搁板

鞋柜搁板以活动式为最佳，板材与柜体之间采用承板钉连接，方便随时拆装。

↑搁板与背板、门扇之间预留空隙

搁板与背板、门扇之间应留出空隙，让鞋子上的灰尘得以漏到底层，方便统一清洁，同时充分利用边角空间。

↑薄搁板

鞋柜搁板宜采用薄板，厚度宜为10 ~ 15 mm，能节省空间。

↑倾斜搁板

当玄关空间不足，无法放置深度400 mm的鞋柜时，鞋柜内可以采用倾斜搁板，角度宜控制在20° ~ 25°，避免太过倾斜导致鞋放置不稳。

↑活动搁板

活动搁板能够加强鞋柜的灵活性。可以在柜体两侧预留间距32 mm的孔安装层板粒，能支撑活动搁板。

3. 顶板与台面

顶板与房间顶面之间应当保留10 mm左右的间隙，注入聚氨酯发泡胶作填充，以应对柜体的缩胀性。台面采用人造石铺装，耐磨损、耐污染。

↑ 中低柜台面

重点装饰中低柜台面，台面宜比门扇宽出10 mm。

↑ 高柜顶板

高柜顶板在门后，鞋柜门扇的装饰效果要好。

→吊顶柜的顶板和门扇

吊顶柜的顶板和门扇应与下面的中低柜相协调。

4. 门扇

玄关家具的使用频率高，因此柜门尺寸不宜过大，防止高频率使用后发生变形。

↑百叶门扇

平开门扇宽度为360～420 mm，充分考虑鞋柜门的高宽比例，高柜门扇给人的视觉效果不宜太窄，入墙鞋柜门扇应当设计成百叶门扇，以利于鞋柜内外通风。

↑翻转门扇

配合不同形式的柜体设计门扇，如深度180 mm的薄柜可以采用翻转门扇。

5. 门拉手

拉手安装的标准高度为1300 mm，在此高度如果无柜门，那么上柜拉手应居下，下柜拉手应居上。

↑鞋柜门拉手设计

高柜门扇拉手应在门扇靠下的位置，这样方便开启。低柜门扇拉手不应位于门扇中央，应在门扇靠上的位置，方便人站立时开启，注意不要选择容易钩到衣服的拉手。

6. 照明

玄关照明要提高照度，设计较多灯光能缓解与客厅之间的照度差。

↑鞋柜照明设计

玄关照明能帮助人查看鞋柜中的鞋子，避免鞋柜处于昏暗处。照明开关应就近设置在玄关内，鞋柜离地架空200～250 mm，可以放置拖鞋，架空空间内部设置灯光用于照明。

四、玄关鞋柜收纳模块组合

玄关鞋柜内主要放置鞋与鞋盒，在条件允许的情况下，玄关鞋柜还可以存放衣帽、杂物、运动器材等。

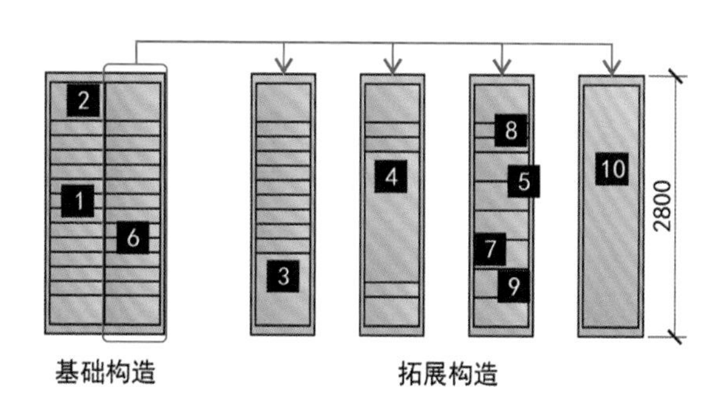

↑玄关组合功能柜

1.鞋子；2.鞋盒；3.长靴；4.外套；5.包；6.雨伞；7.工具箱；8.杂物箱；9.小型体育用品；10.大型体育用品

普通鞋柜结合收纳功能可以设计为3个柜体单元，门扇宽度为300 mm左右，鞋柜底面高250 mm，鞋柜台面高1100 mm，吊顶柜底面高1800 mm。

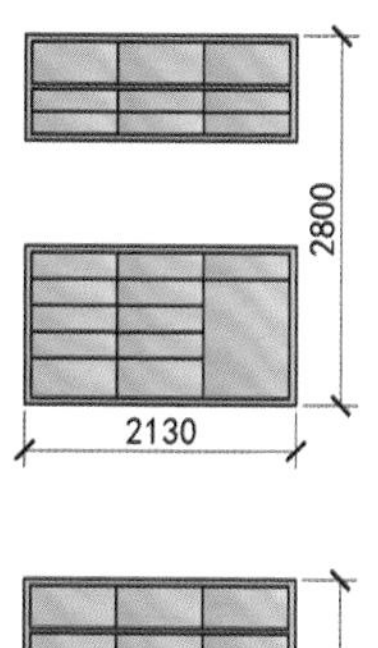

←鞋柜＋长靴收纳

收纳特点：放置普通鞋所需的空间高度为160 mm，短靴收纳空间所需的高度为200 mm以上。放置长靴所需的空间高度为400 ~ 600 mm，应当设置挂杆，将鞋撑起来后悬挂收纳。

←鞋柜＋雨伞收纳

收纳特点：鞋盒高度一般为180 mm左右，鞋柜单格高度为200 mm，位于鞋柜较高处。高柜宜采用大格并多个摆放，不拘于180 mm的收纳高度。长雨伞的高度为850 ~ 1000 mm，折叠雨伞收纳在抽屉、格子内，或悬挂在柜体内侧壁上，但不宜在鞋柜门扇背后挂置雨伞，以防门板五金件变形，还可以选购具有装饰效果的雨伞架。

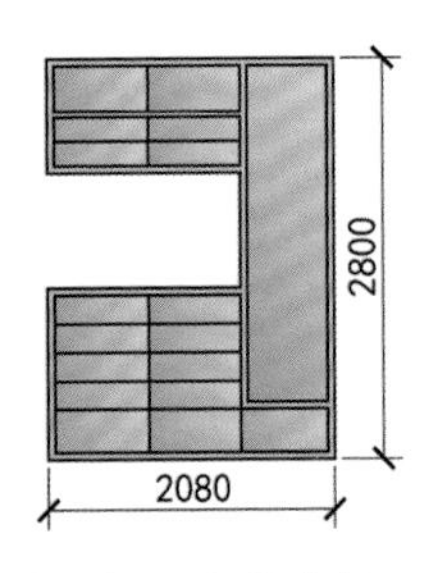

↑鞋柜＋衣物收纳

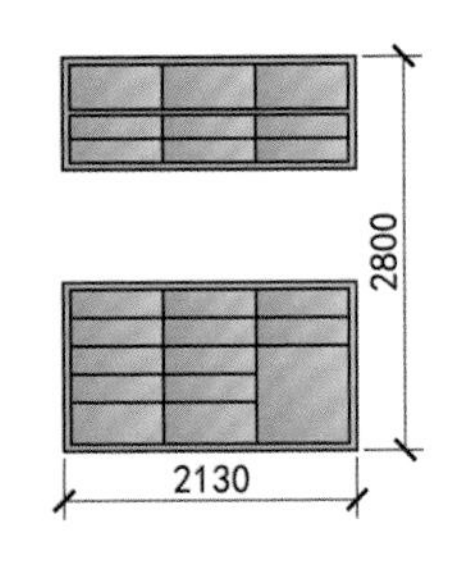

↑鞋柜＋工具箱收纳

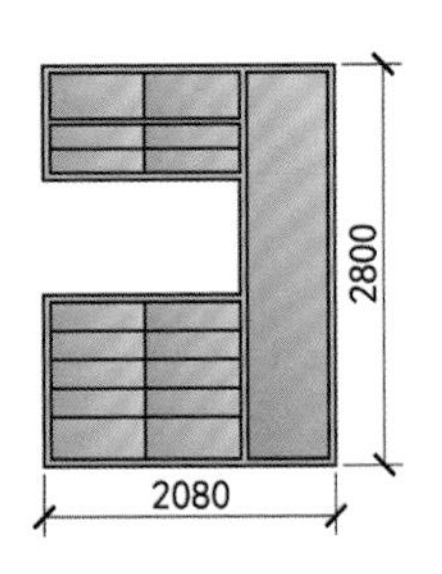

↑鞋柜＋运动器材收纳

收纳特点：放在鞋柜中的衣物多为外套或不常用的罩衣，多为长款或连体装，安排在靠墙一侧的上下通体柜中比较合适，下部还可以预留1～2层鞋柜。

收纳特点：家用工具箱各边长度均为400mm以下，放置在鞋柜下部边侧为佳，高度可以预留为600mm左右，满足零散工具放置。

收纳特点：运动器材品种多，一般以长度尺寸为准，储藏格子的高度或宽度应当比器材的长度长出200 mm左右为宜。

五、玄关设计实例

玄关设计要根据具体户型与空间布局来思考，主要原则是尽量预留出更大面积的空白墙面，方便设计柜体家具。

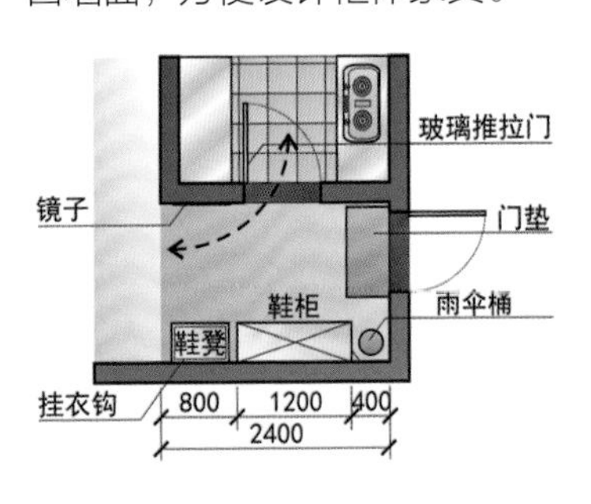

↑玄关的平面图A

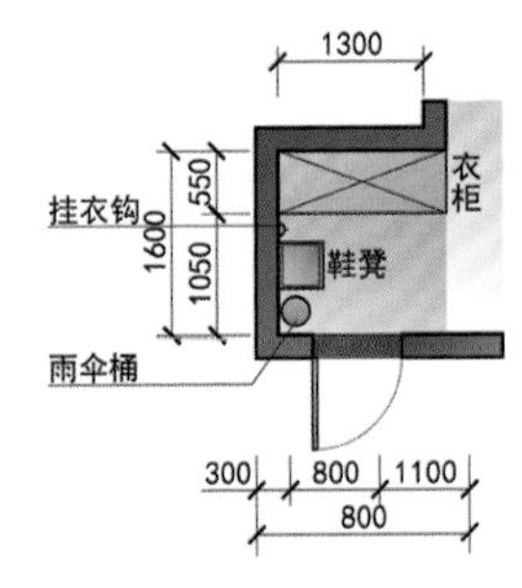

↑玄关的平面图B

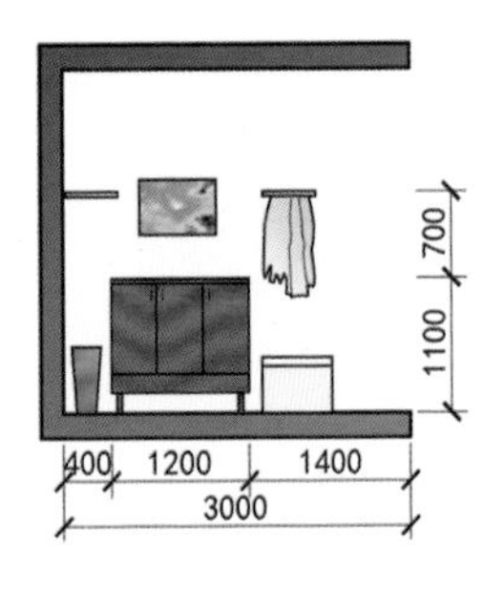

↑鞋柜一侧的立面图A

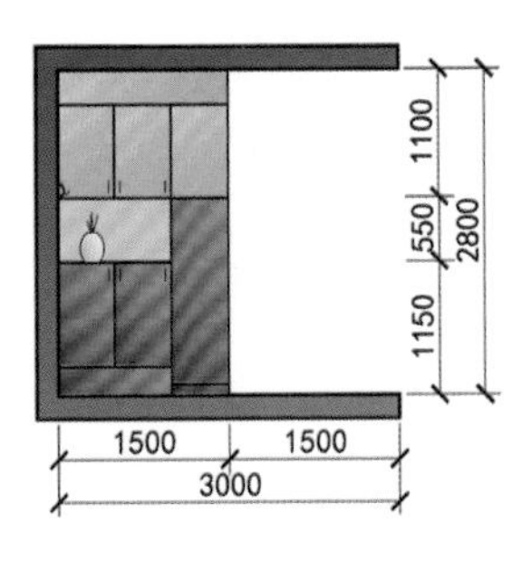

↑衣柜一侧的立面图B

1. 玻璃门

厨房设置玻璃门，可以增强玄关的采光。

2. 雨伞架（桶）

雨伞架能有效利用边角空间，同时方便出入时随手取放。

3. 镜子与挂衣钩

人在出门前有整理衣着的需求，视距宜为1 m左右，镜子顶部应与人身高齐平。镜子宜通长，高度应不低于1200 mm。镜子既要与玻璃推拉门协调，又要能扩大玄关空间感。入户时会脱去外套，在玄关处设置挂衣钩可以方便收纳。

4. 鞋架收纳拖鞋

入口处设小型鞋架收纳拖鞋，进行洁污分区。在入户后第一时间换上拖鞋，避免穿着带有尘土的鞋在玄关内来回走动。

5. 鞋子的收纳量

单个门扇宽400 mm的双开门中柜，可以收纳男鞋12双、女鞋20双，此外鞋架可以收纳拖鞋12双，鞋子的总收纳量为44双左右，能满足4～5个家庭成员使用。鞋盒既能置于其他收纳空间，又能收纳于玄关顶柜。吊顶柜可收纳鞋盒约25个，再加上底柜中的鞋子，共计能收纳约70双鞋子。

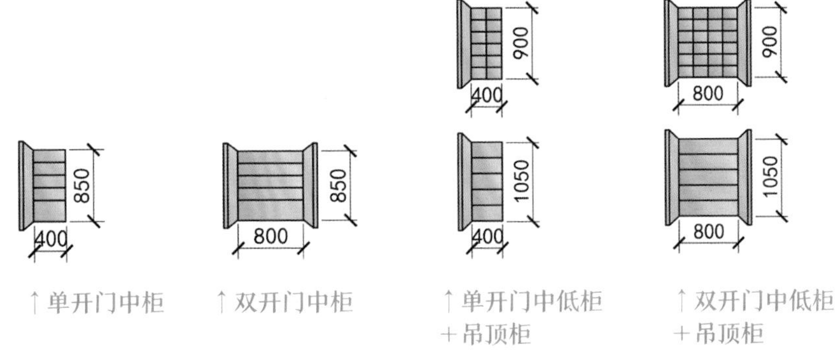

↑单开门中柜　↑双开门中柜　↑单开门中低柜+吊顶柜　↑双开门中低柜+吊顶柜

6. 玄关镜子位置

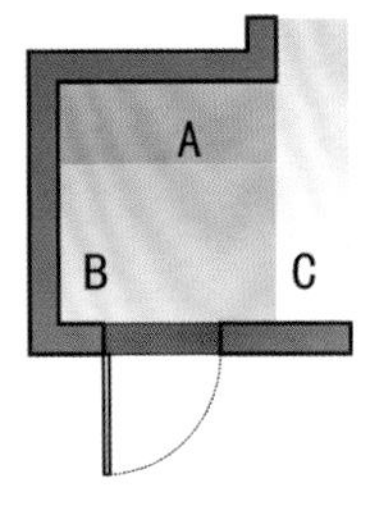

玄关的镜子安放要综合考虑鞋柜位置与自然采光方向，这里列出玄关空间中的三个位置，其中C处镜子面对客厅采光，人使用镜子时会背光，不适合自然光线下使用镜子。A、B两处相比，A处换衣换鞋以后照镜子更为方便。

第四节 玄关收纳设计实例

一、隐藏式玄关空间设计实例

常规户型的玄关空间一般会设计鞋柜，而大户型的玄关空间则可以设计衣帽柜与储藏间。鞋平放所需的收纳空间深度为320～360 mm，所以玄关空间一般设计深度为350～400 mm的鞋柜。

←玄关收纳空间

玄关收纳空间的设计有以下三点基本要求：方便使用、增加收纳量、视觉美观。

1. 方便使用

合适的尺度与功能为玄关活动提供方便，以下为可以用于玄关空间的实用物品：

↑鞋柜拉手

↑抽拉式挂衣杆

↑鞋撑挂鞋子

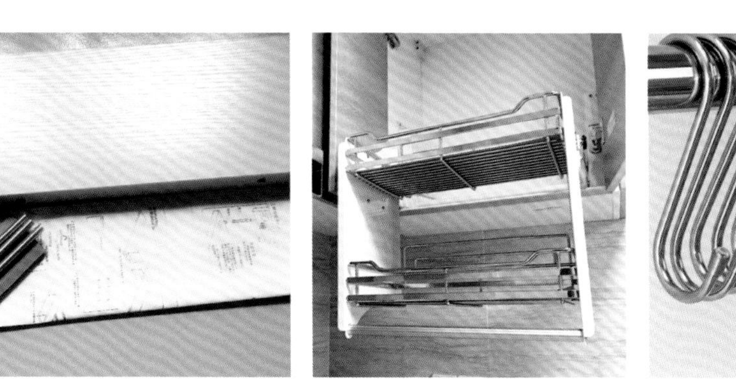

↑可添加搁板

↑高柜升降篮

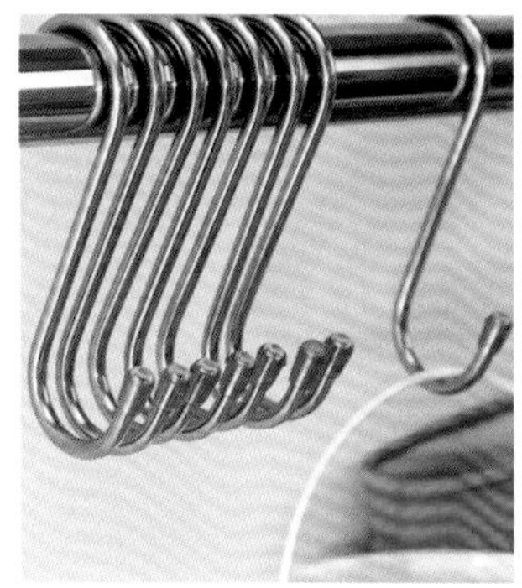

↑S形挂钩

2. 增加收纳量

足够的收纳量能提高玄关的整洁度。

↑旋转鞋架

↑侧柜

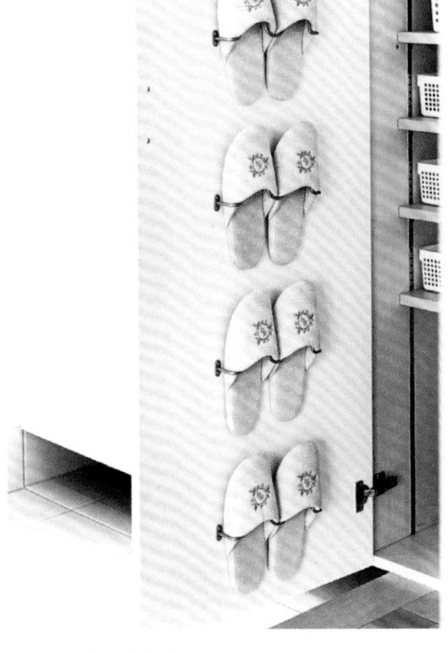

↑利用门后空间

↑增加搁板以加大收纳量

↑物品细分

↑杂物收纳

3. 视觉美观

玄关是室内与室外的过渡空间，因此玄关要美观、大方、适用。

↑ 中柜内的装饰灯

↑ 侧板上的装饰灯

↑ 接缝处装饰效果

↑ 鞋柜与地面之间的灯光

除了以上3点，还有一些细节设计也不容忽略，细节做好，可为玄关加分不少。

↑多档隔层高度设计

间隔32 mm制作固定孔。

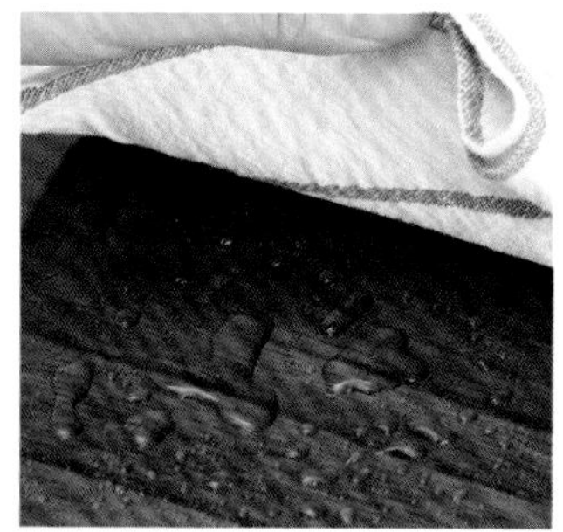

↑防水分层搁板

喷涂防水剂提高板材防水性能。

↑转角90° 柜子处理

增加衬板以防墙面材料被磨损。

↑顶柜拉手

顶柜拉手靠下，便于开启使用。

↑鞋柜与地面之间的空隙

鞋柜与地面间预留一定空间，方便收纳拖鞋等。

二、精装住宅玄关设计实例

该户型平摊到每个空间的面积很小，应当选用形体规格偏小的家具，强调轻硬装、重软装的设计理念，浅色能放大视觉空间，家具与装饰构造基本以白色、原木色为主。

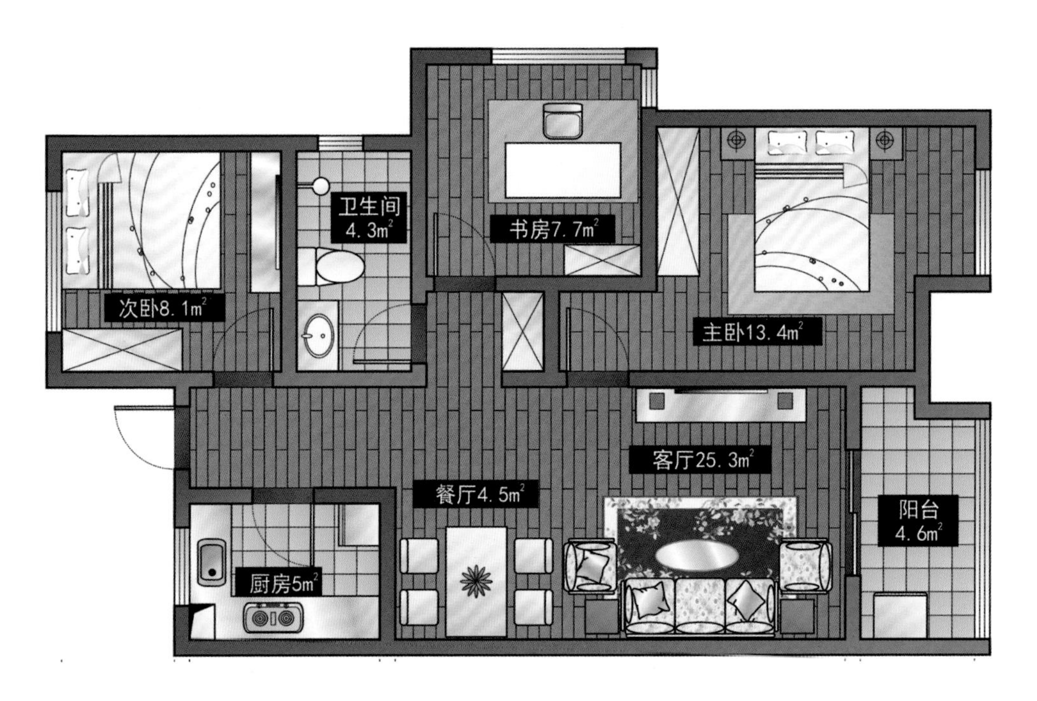

↑户型平面图

（a）

（b）

↑→居室内通风设计

玄关、客厅及阳台三者几乎在一条直线上，在客厅与阳台之间设置玻璃平开门，落地玻璃能加强整个家居空间的通风、采光，户型空间能显得更加通透、明亮。

（a）

（b）

←居室内采光设计

利用玻璃窗、邻窗来布置办公桌或其他家具，增加对自然光的利用率，减少电能消耗。

→放大玄关平面图

玄关过道宽度仅有1280 mm，通行空间有限。为满足鞋子收纳与仪表整理需求，过道右侧可以放置鞋凳与雨伞桶，左侧放置薄鞋柜与挂钩，鞋柜与鞋凳错开，留出最大化的走道空间。

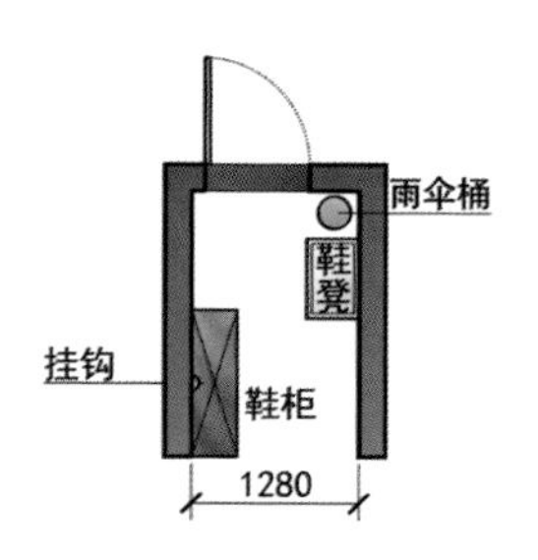

←入户玄关

玄关空间中的鞋凳与鞋柜分别放置在走道的左右两侧，大件鞋柜选择超薄板材并不占用走道太多空间，能保证正常的通行。

←玄关穿衣镜设计

穿衣镜通常放置在玄关鞋柜旁，方便出行时整理仪表。从客厅沙发的位置看玄关，原木材质边框的穿衣镜与周围木门、木地板、木家具等颜色、材质相近，属于良好的装饰品。

→换鞋区域

入户时会脱去外套、放下包包，在此处设置挂衣钩方便挂取。

玄关两侧分别有次卧、厨房两大空间的出入口，两侧门均为内开门，不会干扰到玄关的正常通行。厨房门镶玻璃，在视觉上玄关和厨房空间会显得更加宽阔、通透。

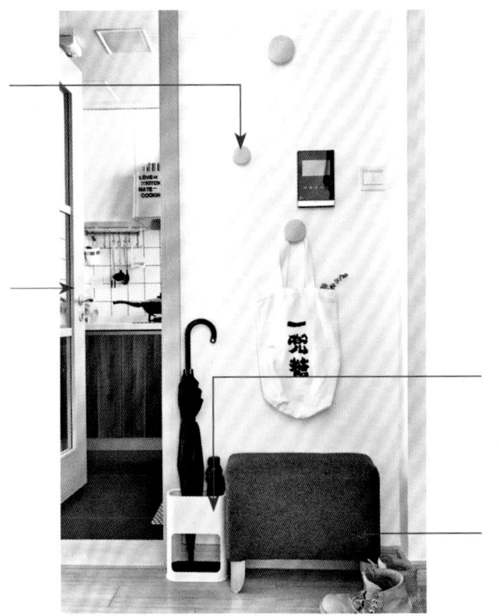

雨伞桶方便盛放伞，尤其是雨天使用后正在滴水的伞。

坐凳是重要且不可缺少的玄关家具，矮小的布艺坐凳舒适方便，坐凳下部架空区域还可收纳鞋子。

←鞋柜区域

鞋柜上方同样设置了挂钩，可以挂小物件，如帽子、钥匙串、毛巾等。此处挂钩用来挂小物件，上图中的挂钩用来挂衣物，两者区分开来，视觉上更加清爽、整洁。

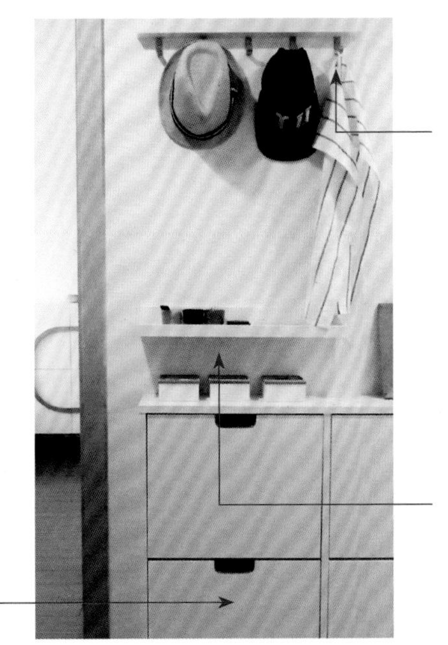

翻盖式外形与凹槽把手实用、简约。鞋柜深度浅，节省空间。此外，加高设计适用不同高度的鞋子，满足不同类型鞋子的收纳需求。

当鞋柜窄台面不能满足收纳与装饰需求时，可以通过设计墙面置物搁板来增加收纳空间。

第二章

客厅

重点概念：客厅空间，收纳。

本章导读：客厅空间对收纳有更高的要求，需要对客厅布置与规划有基本思路，合理选择并布局电视柜、书柜等大件家具，充分利用这些家具进行物品储藏。同时可利用小件收纳工具配合大件家具来增强空间的收纳功能。

第一节 客厅收纳要求

一、客厅家具布置形式

客厅主要用于看电视、招待朋友、聊天、阅读，有时也会兼作家庭办公室、儿童游戏室，甚至是餐厅。客厅从侧面反映出主人的生活品位与需求，其布局形式因人而异。

←C式

在连续三面相邻的墙面上布置沙发，中央放置茶几，这种布置方便入座，利于交谈，适合热衷于社交的家庭，但是对于有个性需求的家庭，这种布局会显得普通。

←L式

沿着两面相邻墙面布置沙发，呈L形，中间放置茶几，这种布局灵活多变，节省空间，适合面积较小的客厅，可以营造出不显得局促而空间变大的效果，同时可以将省下的面积用于布置其他功能的家具。

↑对称式

这种布局形式类似于我国传统住宅的“堂屋”，无论是家具的数量、形制还是用材都讲究对称，烘托出客厅庄重、沉稳、宁静的氛围。

↑对角式

将两组沙发呈倾斜对角布置，使客厅看起来更加活泼、舒适。

↑平行式

由两组平行沙发或椅子组成，中间位置搭配咖啡台、茶几等，或不放置任何家具，能有效提升沟通效率。

↑一字式

沿一面墙布置沙发，正前方摆放茶几，这种布置方式非常常见，适合户型较小的家庭。

↑安乐式

长沙发与安乐椅相对而设，适合老人或体弱多病者，可躺可坐，非常方便、舒适。

二、客厅行为活动需求

虽然人在客厅的行为活动多样，但是都围绕沙发进行，且静态行为居多，对收纳的需求量不大。

客厅行为活动需求

行为需求	场景图	设计要求
收纳需求		台面可以用来摆放相框、台灯、花束、水果、零食、纸巾盒、遥控器等物品，能随取随用，设计格子能摆放书籍与暂时不用的物品
会客		主客聊天、娱乐、游戏的空间
娱乐		展示主人个性，有电视欣赏、音乐欣赏、儿童游戏等区域
小憩		沙发搭配不同颜色的沙发巾或靠垫等，让沙发布置更灵活，客厅空间更舒适

续表

行为需求	场景图	设计要求
阅读	 	对照明与采光有一定要求。在狭小的区域内阅读，可以根据阅读需求设计顶灯、台灯、落地灯等
办公		办公桌不占太大空间，方便又实用，以靠墙摆放为主
设备放置	 	在电视背景墙上安装电视机，吊顶安装音箱喇叭，形成环绕声；Wi-Fi安装位置位于户型中央，周边少遮挡或无遮挡

客厅收纳物品分类

客厅收纳的多为公用物品，收纳空间以开放或半开放为主。

客厅收纳物品分类

物品	种类	收纳要求	实景图
食物	水果、零食、饮品等	主要通过置物架收纳，或直接放在茶几上，方便直接拿取、食用	
娱乐设备	各类遥控器、平板电脑、手机等设备	集中放置，方便随时拿取	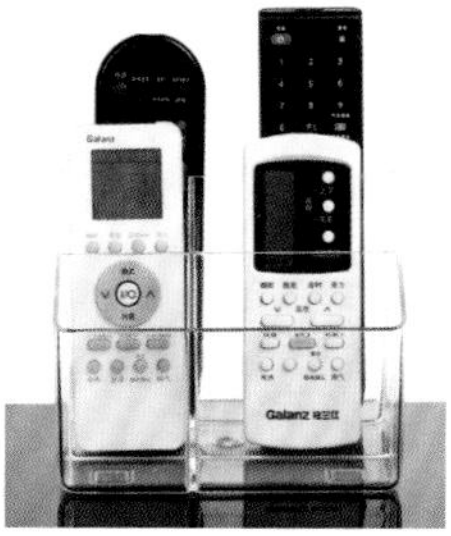 
	各种设备充电器、充电宝、手机支架、自拍杆等辅助设备	集中放在收纳盒、收纳包中，并放置在插座的旁边，便于使用	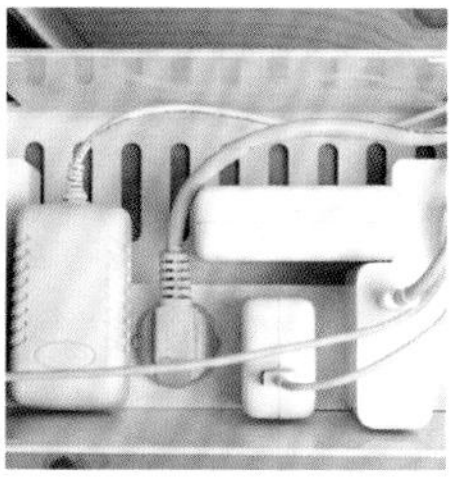 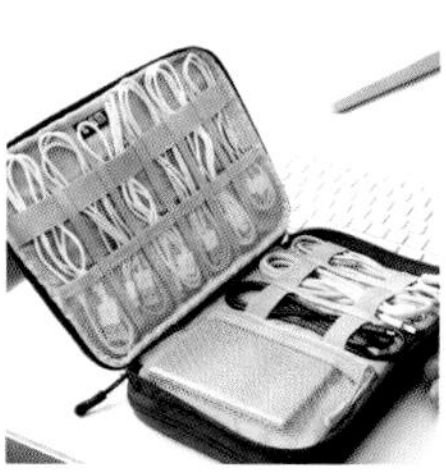
其他杂物	纸巾盒、牙签盒、指甲刀等	使用频率较高，收纳在茶几台面下的抽屉内	

续表

物品	种类	收纳要求	实景图
阅读、办公用品	各类图书、杂志等	收纳在书柜中，书柜设计为开放式或安装玻璃门，易拿好放且一目了然。书柜应远离潮湿空间，如阳台、厨房、卫生间	 
	笔、纸、墨等各类办公用具	办公台面无任何物品，将文具放置在收纳盒、文件盒中，收纳到抽屉内，或放在收纳架上，留下大面积空白桌面，来保证工作各项需求	 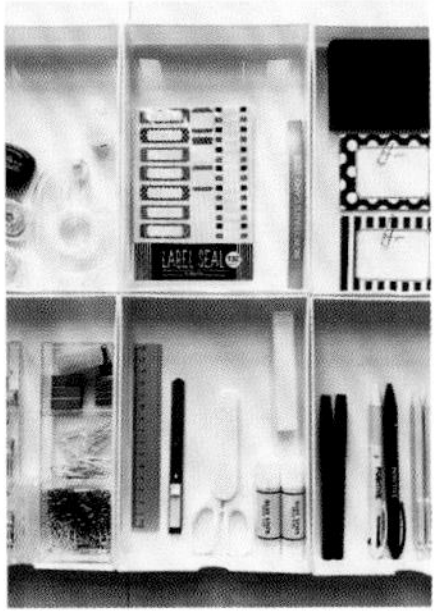
装饰品	插花、相框、台灯、镜子、各类造型摆件等	放置在电视柜、茶几、斗柜、置物架等家具台面上，便于观赏或使用	 
	精致的碗碟、茶杯等	以观赏展示为主，偶尔拿出来使用，放在带有玻璃柜门的储物柜内或柜上	 

第三节 客厅收纳设计实例

一、客厅电视柜设计实例

以客厅为中心的家居生活，物品又多又琐碎，如果不能预留出足够的收纳空间，会给生活带来诸多不便，这也是客厅收纳的难点。很多小户型客厅面积有限，电视背景墙能利用的空间很小，于是舍弃电视柜，直接采用壁挂电视机，但这样就缺失了收纳空间。

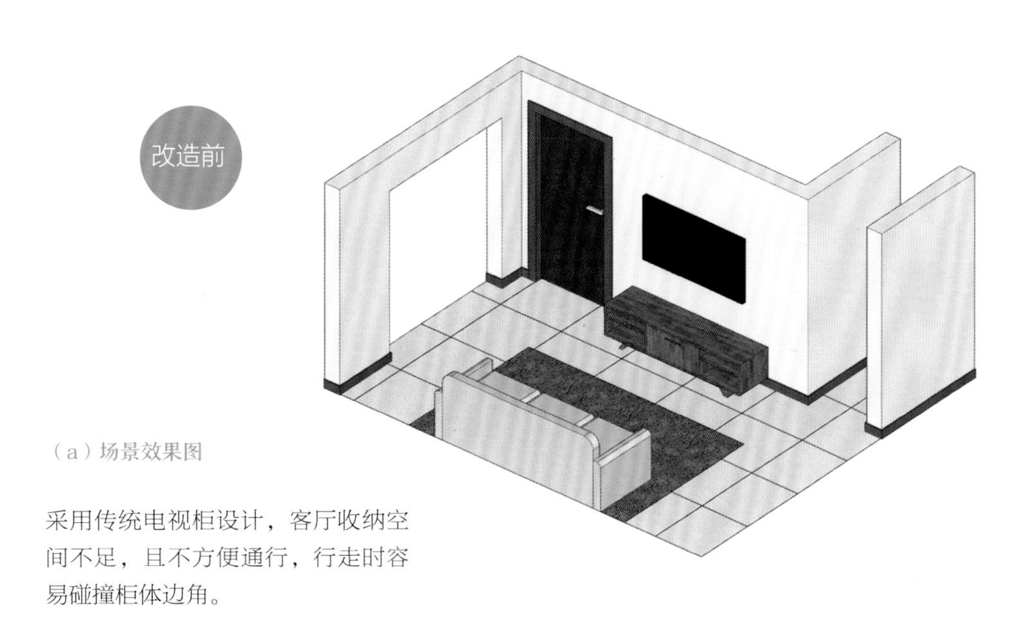

（a）场景效果图

采用传统电视柜设计，客厅收纳空间不足，且不方便通行，行走时容易碰撞柜体边角。

（b）电视柜立面效果

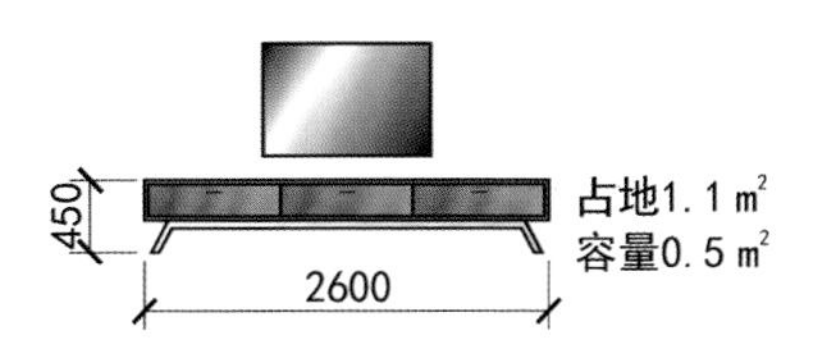

狭长的电视柜与壁挂电视机组合，设计简洁时尚，但收纳量极小，台面收纳容易杂乱，只适合客厅面积小的家庭使用。

↑传统电视柜

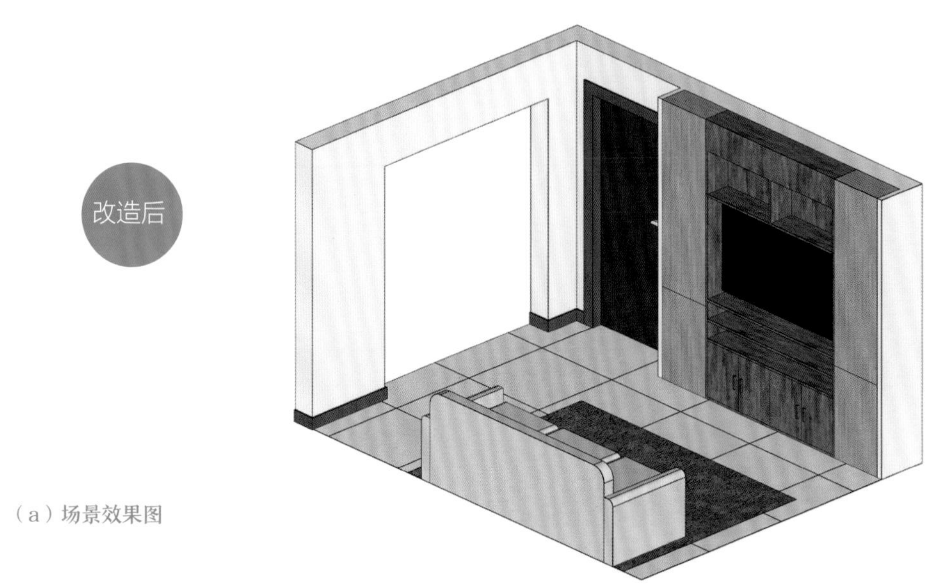

（a）场景效果图

定制全墙式电视柜，将电视机镶入柜体内。靠墙设计不仅隐藏了柜子形体结构，减轻了客厅空间的拥挤感，还能扩充电视柜的收纳量。

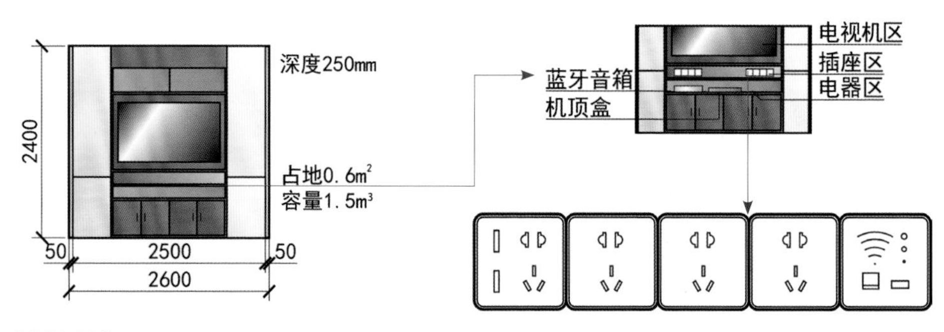

↑定制电视柜

（b）电视柜立面效果

与传统电视柜相比，减少了占地面积，同时柜体的容量扩大了2~3倍，插座区配置分工明确，各类电线裸露在外的部分很少，不再显得凌乱，外部看上去很整洁。

二、客厅沙发设计实例

目前很多客厅的沙发背景墙都是千篇一律的，其实关于沙发背景墙有很多别出心裁的创意，如沙发与置物架搭配、沙发与书架搭配、沙发与餐桌搭配等。

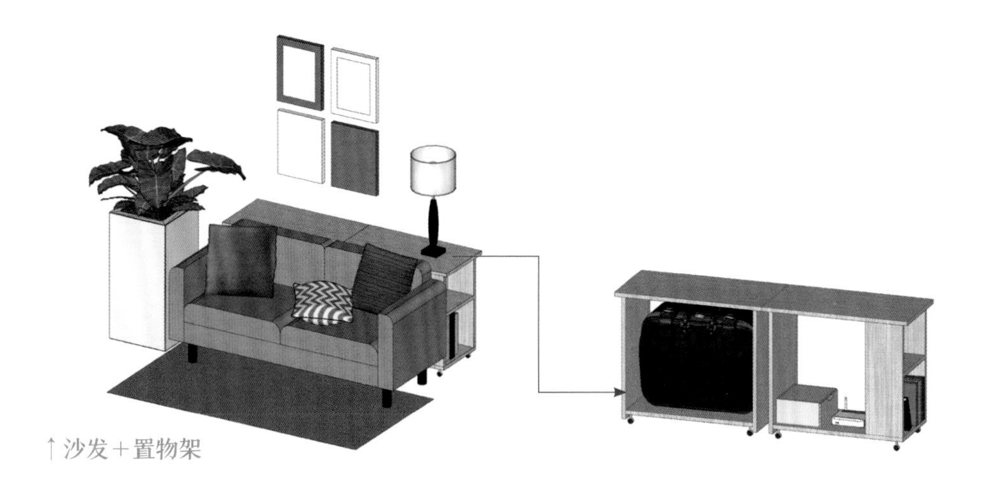

↑沙发＋置物架

沙发可选择靠墙或不靠墙。如果沙发不靠墙，可以在沙发与墙面之间设计置物架，能隐藏收纳很多杂物，不会让客厅显得拥挤。如果沙发靠墙，应预留插座位置，以便手机、平板电脑充电用。

↑沙发＋书架

书架高度、款式应当根据客厅实际情况而定，这种组合实用性、功能性非常强，适合爱读书的人。

↑沙发+餐桌

客厅、餐厅与开放式厨房是一体的，去掉了阻隔视线的墙体后，整个空间显得十分和谐。由于中餐烹饪油烟大，因此这种开放式设计适合做饭较少的家庭。

三、客厅斗柜与饰品展示设计实例

柜体与墙面饰品要相互融合，墙面饰品的垂直视觉面积应当与家具柜体立面面积相当。

视平线高度≥台面高度+400 mm

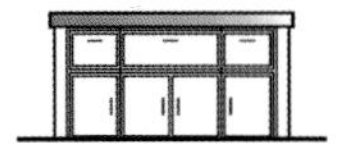

↑饰品主题展示法

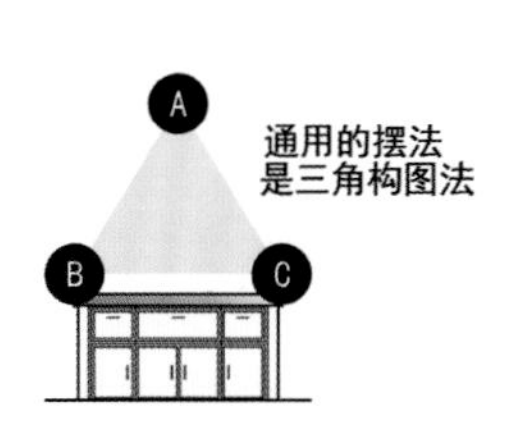

↑三角构图法

选择饰品形体边长大于600 mm的装饰画、装饰镜、台灯等皆可，这些装饰品可以挂在墙上或摆在台面上，只要在视平线高度区域即可，视平线一般位于斗柜台面高度400 mm以上。

装饰品不少于3件，A处装饰品为主角，边长应大于600 mm；B处装饰品为A处装饰品高度的70%；C处装饰品为B处装饰品高度的50%。此外还可以摆放低矮且精致的收纳盒，用于各种杂物的临时收纳。

第三章 卧室

重点概念：卧室收纳要求，服装收纳，被褥收纳，儿童房。

本章导读：卧室空间具有私密性与独立性，主要是人们的睡眠、休息场所。同时，卧室还承担衣帽间、书房的使用功能。为了保证睡眠质量，卧室应当避免凌乱。卧室中的衣柜，收纳容量最大，储藏能力最强，在设计中应当妥善利用。本章主要介绍卧室空间的收纳位置、收纳物品种类、人的活动尺寸，以及定制衣柜和儿童房的设计案例，让读者全面了解卧室收纳的设计原则与方法。

第一节 卧室收纳要求

一、卧室收纳空间位置

卧室空间放下床之后就所剩无几了，因此收纳空间应当见缝插针，床头柜、梳妆台、床下柜、电视柜、衣柜、吊柜、斗柜都是可以利用的收纳空间，但是不宜设计过满，否则会令人产生压抑感。

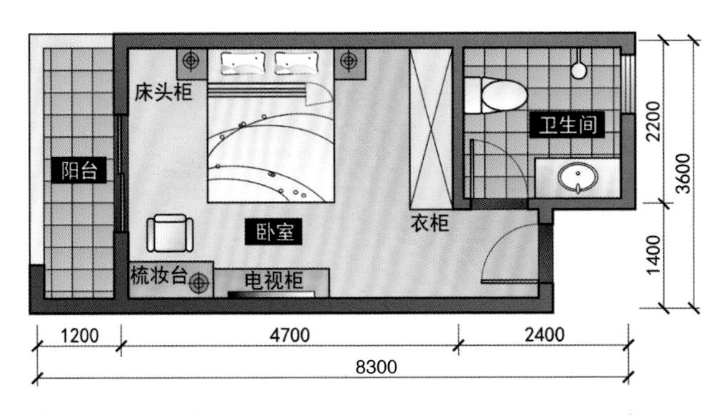

↑主卧平面示意图

放置化妆品、相框、首饰等。

放置杂志、手机、手表、水杯、纸巾、药盒、遥控器等。

↑梳妆台

↑床头柜

放置被褥、过季衣物及其他杂物。

收纳备用毛巾、内衣、内裤、袜子等。

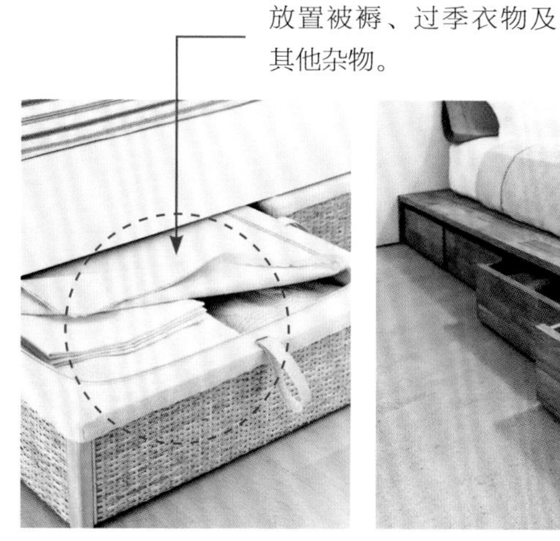

↑床箱

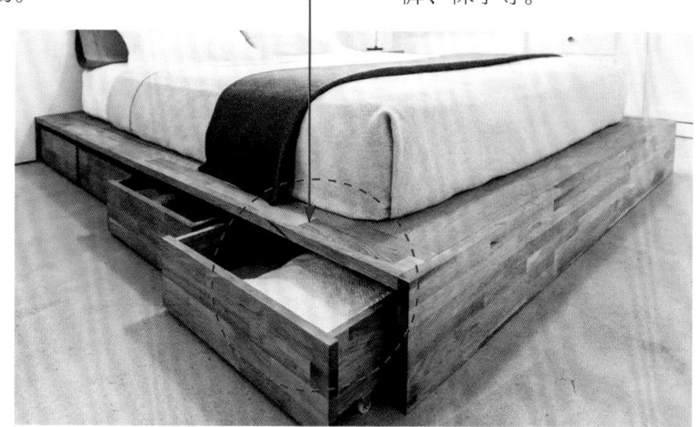

↑床抽屉

放置衣物、被褥、杂物箱等。

放置投影仪、电视机、机顶盒、路由器等。

↑衣柜

↑电视柜

放置折叠衣物、内衣、袜子、小物品、贵重物品等。

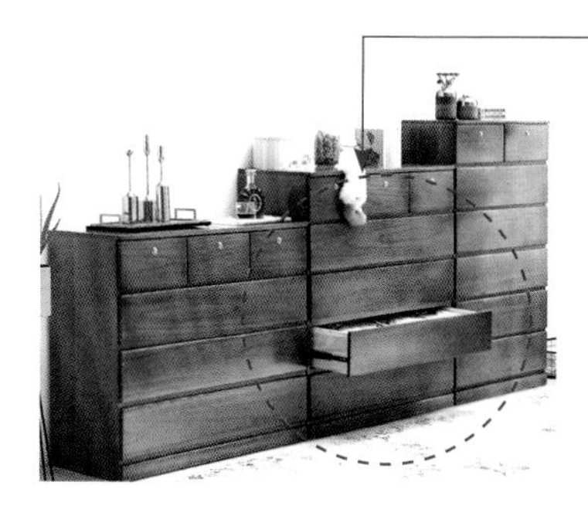

↑五斗柜

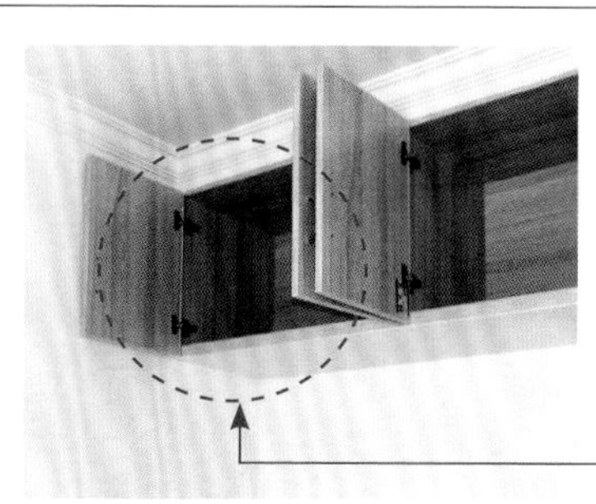

放置杂物箱、被褥、过季衣物等。

↑顶部吊柜

二、卧室衣帽间设计实例

1. 带衣帽间的卧室

常见带衣帽间的卧室兼具衣帽间、卧室、卫生间的功能。

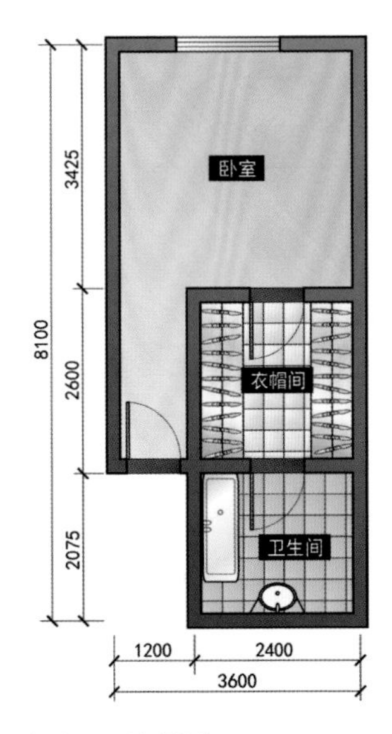

(a) 平面布置图

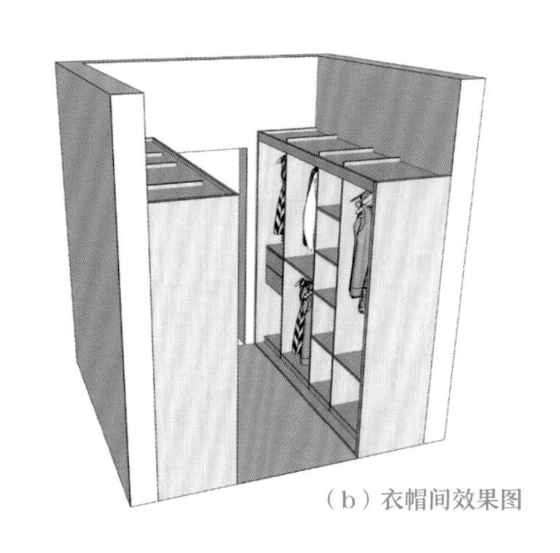

(b) 衣帽间效果图

←↑贯通式衣帽间

从卧室穿过衣帽间到卫生间，这样设计的衣帽间容易受潮。

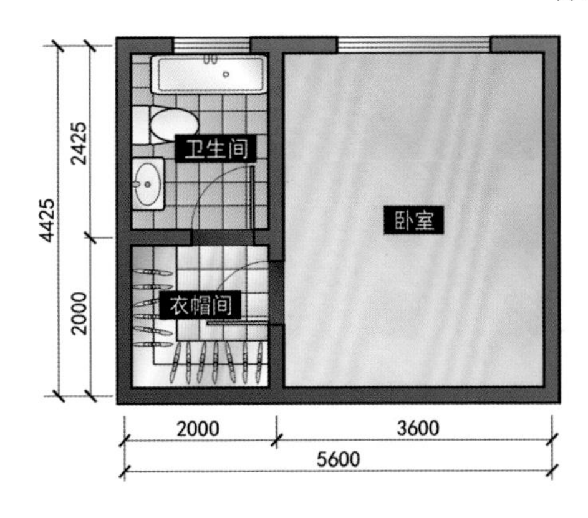

(a) 平面布置图

(b) 衣帽间效果图

↑并列式衣帽间

穿过衣帽间到卫生间，卫生间有窗户，能满足自然通风采光，避免衣帽间受潮，用于宽度较大的户型。

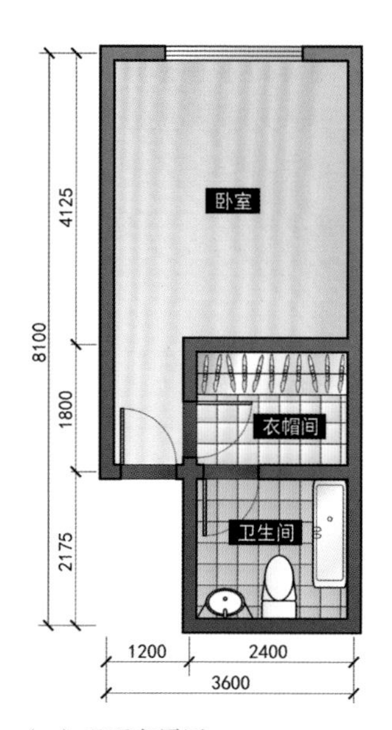

（a）平面布置图

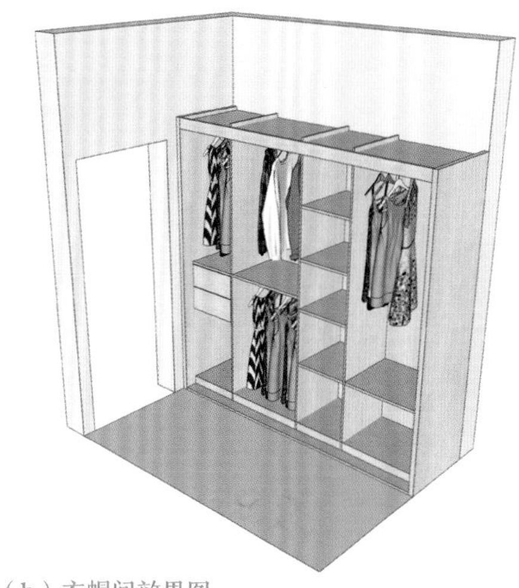

（b）衣帽间效果图

↑穿套式衣帽间

卫生间没有占据卧室的矩形空间，从卧室进入衣帽间后以反方向转入卫生间，衣帽间受潮概率较小，但卫生间无自然通风采光。

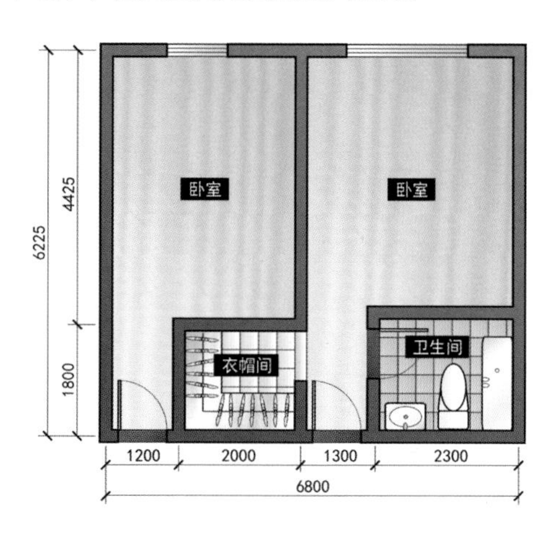

（a）平面布置图

（b）衣帽间效果图

↑对立式衣帽间

卫生间与衣帽间被走道分开，衣帽间的物品不会受潮，但是让相邻卧室的入口处变成了走道，让相邻卧室空间显得狭小。

2. 无衣帽间的卧室

在不带衣帽间的主卧中，衣柜的位置也有多种选择。

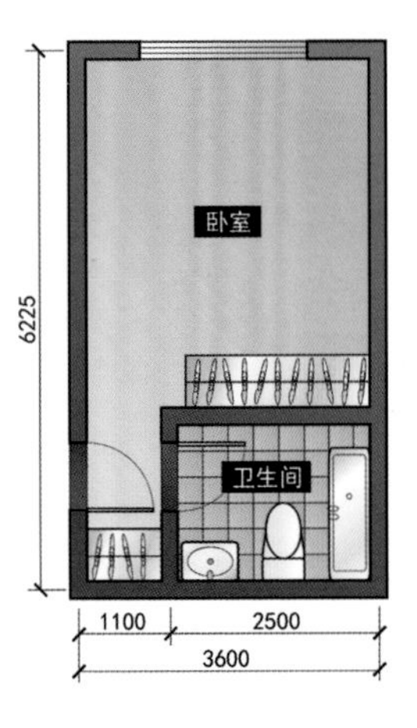

（a）衣柜位置示例1

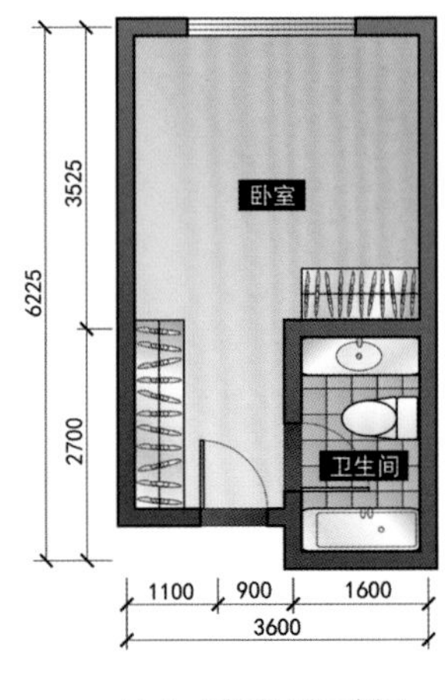

（b）衣柜位置示例2

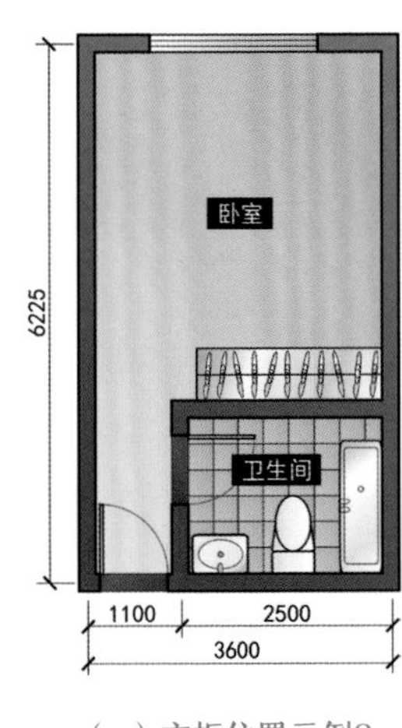

（c）衣柜位置示例3

↑带卫生间的主卧中衣柜位置示例

这三种无衣帽间的卧室衣柜都受卫生间布局影响，将卧室门后的边角空间利用起来定制衣柜，没有这类边角空间可以在靠卫生间一侧的墙体设计衣柜，只是衣柜长度受墙体长度限制。

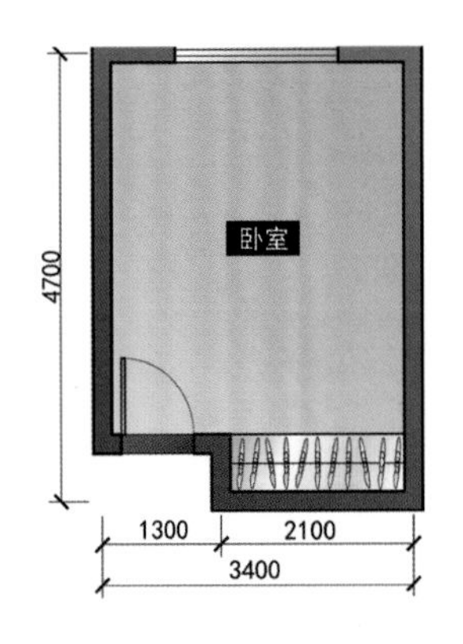

←无卫生间卧室衣柜位置示例

利用卧室面的内凹空间设计入墙式衣柜，这通常是建筑设计师预留的衣柜空间，还可以设计成书柜与梳妆台相结合的形式，既提高了空间的利用率，又使空间更具有整体效果。

第二节 卧室收纳物品分类

卧室收纳大件衣物的数量因人而异，尺寸与数量要精准把控。

卧室收纳物品分类与收纳方法（一）

分类	物品	收纳方法	尺寸
冬季外套	羽绒服、棉服	冬季悬挂，过季后可抽气压缩放入高柜内，其余可以加套悬挂；北方地区外套使用时间长，占用存放空间大，衣柜中要设计较多的悬挂空间	900 ~ 1500 mm
	毛呢大衣	冬季加套悬挂，过季后可抽气压缩放置在高柜内	900 ~ 1450 mm
春秋外套	风衣	四季悬挂	900 ~ 1200 mm
	夹克	春秋季悬挂，过季后皮夹克仍应悬挂存放，棉质夹克可折叠存放，或抽气压缩后放入高柜内	850 ~ 900 mm
礼仪性外套	西服	四季悬挂，单件外套的悬挂长度为800 ~ 1000mm，套装西服组合悬挂长度为1000 ~ 1100mm	800 ~ 1100 mm
裙子	连衣裙、长短裙	易起褶皱的连衣裙、长短裙悬挂存放，其余可折叠存放	1200 ~ 1300 mm 600 ~ 1000 mm
普通下装	普通休闲裤	牛仔裤、运动裤等折叠存放	500 ~ 600 mm
	高档面料裤	使用衣架或裤架对折悬挂	400 ~ 500 mm
衣物尺寸图示	1600		

卧室收纳物品分类与收纳方法（二）

分类	物品	收纳方法	实景图
普通上衣	秋衣、绒衣、毛衣	冬季折叠存放在格子或抽屉中，过季后可抽气压缩放置在高柜内	
	T恤	放置在格子中或卷放在抽屉里，夏季与春秋季可以折叠存放或卷放	
	衬衣	悬挂或折叠存放，采用抽拉板存放时，放置在尺寸合适的格子内	
内衣类	内裤	折叠后放置在抽屉中，并用软质隔板分隔放置	
	内衣	放置在抽屉中，或采用合适的小格放置，容易挑选，但空间利用率不高	
袜子类	棉袜	翻折成团放置在抽屉中或用软质隔板分隔的小格中	
	丝袜	折叠后放置在抽屉中，并用软质隔板分隔放置	
床上用品	床单、被套、枕套等	折叠后放置在抽屉内，或放置在低柜内，不常用的可以放置在高柜内	
	被子	叠放后放置在高柜中	
	电热毯	冬季使用，过季再放回高柜内	
	坐垫、靠垫、枕头	平放或立放在高柜内	
配饰类	帽子	平放在大小合适的搁板中，贵重的帽子需放在帽笼中	

续表

分类	物品	收纳方法	实景图
配饰类	手套	放置在抽屉内或整理箱内，过季后可加套卷起后放置在高柜中	
	围巾	悬挂或卷放在中柜内	
	丝巾	采用横杆悬挂放置	
	领带	卷放在边角空间的小格中，或利用专用领带架悬挂	
	皮带	卷放在抽屉小格中，采用挂钩悬挂	
	手袋	平放或用挂钩悬挂	
	背包	竖立存放，立放在中柜搁板的空当处，或悬挂在衣物空间的空当处	
	皮包	放置在中柜搁板中或悬挂在空当空间，或套上袋子立放在高柜中	
	小包	放置在大小合适的中柜搁板内	
其他物品	贵重、私密物品	放置在中柜带锁抽屉内	
	带包装盒礼品等	放置在高柜中或柜子深处	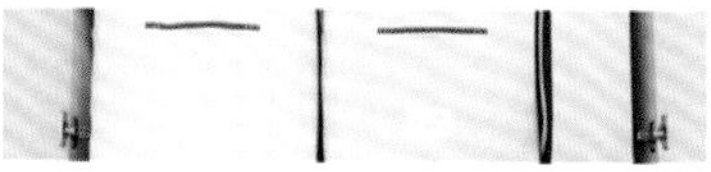
	杂物	放置在整理箱中，将整理箱放置在高柜或低柜中	
各种衣物尺寸图示		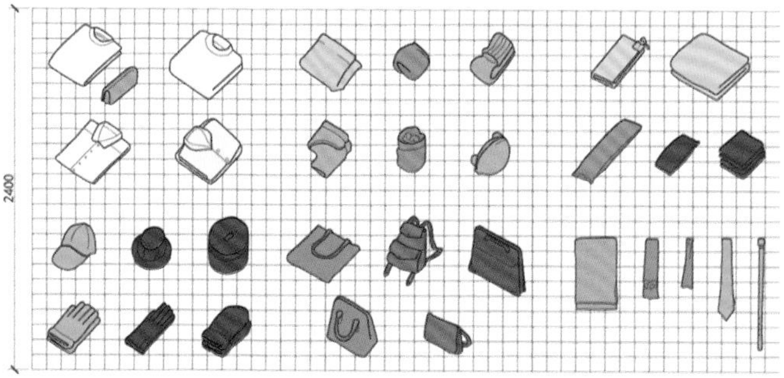 2400	

第三节 卧室家具尺寸设计

一、根据人体活动高度分区设计收纳家具

1.操作高度与收纳物品的关系

根据人的动作行为特征、使用舒适度与便捷性，可以将柜体高度划分为低、中、高三个区域，具体如下：

（1）低柜区：700 mm以下。

低柜区是指地面至人体手臂下垂指端的区域，这个区域存取不方便，使用时必须蹲下操作，主要放置不常用的物品，如杂物箱、床单被套、过季衣物等。

（2）中柜区：700～1900 mm。

中柜区是指人的上肢活动范围，存取物品方便，宜存放使用频率高的物品，在人的视线范围内，主要放置常用物品，如当季衣物、内衣、包、帽子等。

（3）高柜区：1900 mm以上。

高柜区是指人体手臂向上伸直时指端以上的空间，这个区域存取物品不便，主要放置较轻或不常用的物品，如过季衣物、棉被、靠垫、毛绒制品等。

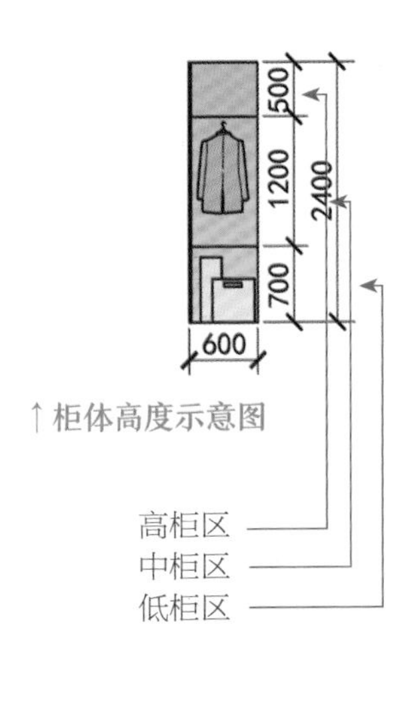

↑柜体高度示意图

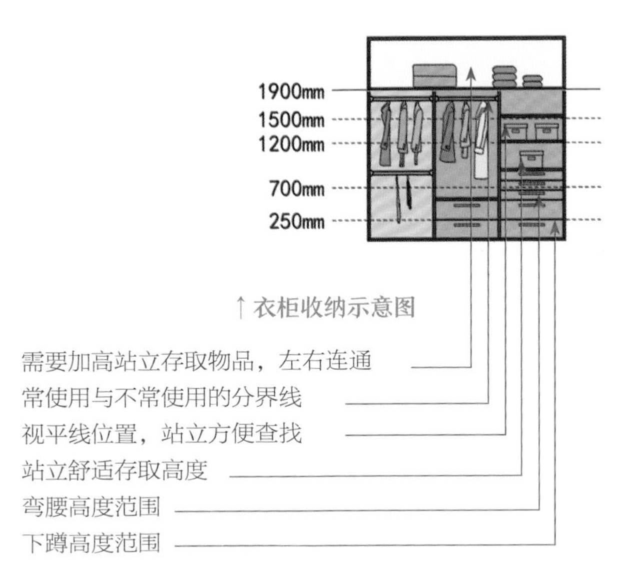

↑衣柜收纳示意图

2. 不同高度衣柜收纳区使用情况

衣柜使用高度

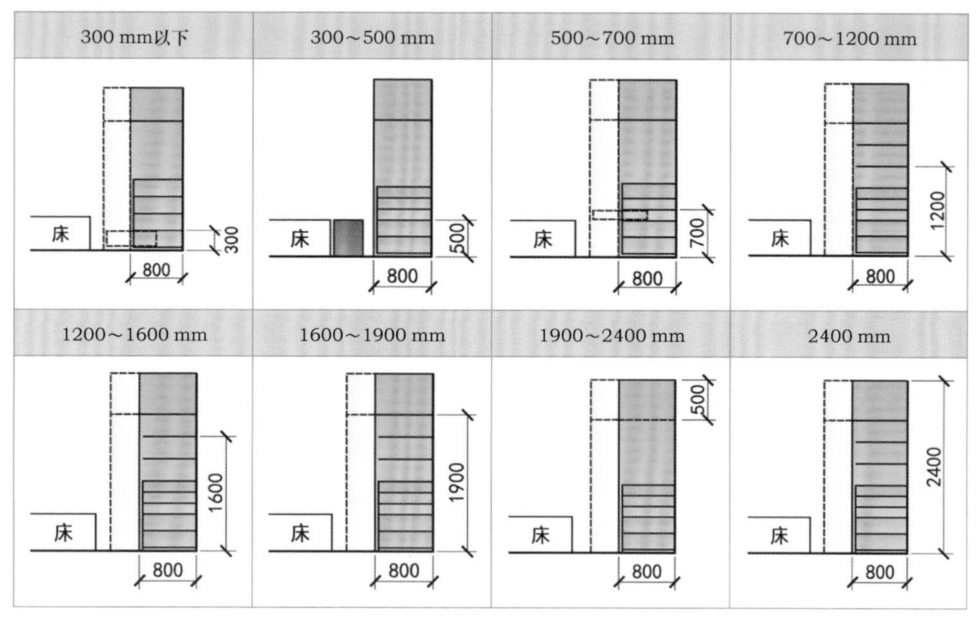

二、衣柜与床之间通行宽度

卧室收纳的小件衣物与其他物品尺寸具有通用性，设计更多可拆换的小格，能收纳更多物品。

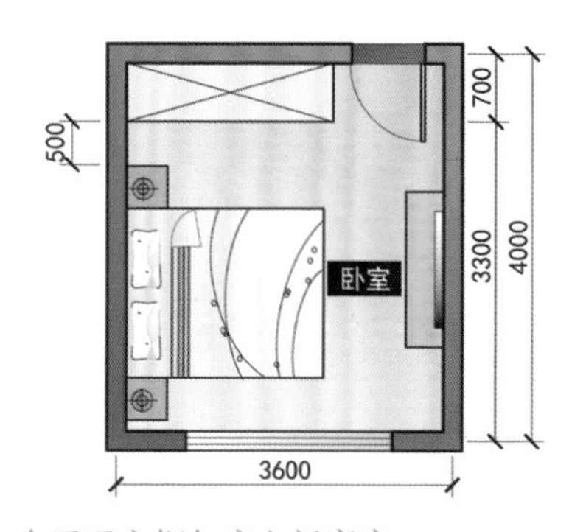

↑ 平开衣柜与床之间宽度

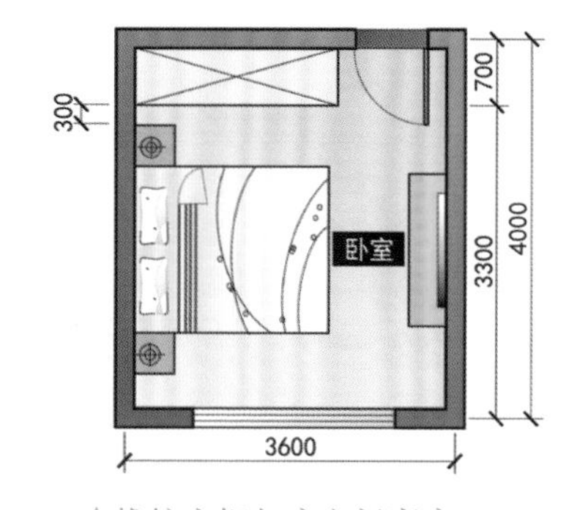

↑ 推拉衣柜与床之间宽度

衣柜与床头柜或床之间应预留宽500 mm以上的通道，衣柜门扇宽度以380～420 mm为宜，保证人在开启柜门后有足够空间站立。

衣柜与床头柜或床之间应预留宽300 mm以上的通道，衣柜推拉门的门扇宽度不宜超过1000 mm，通道宽度须能保证一个人正常活动。

三、衣帽间通行宽度

衣帽间通行宽度最低为700 mm，与之相连的卫生间门宽度最低为600 mm。

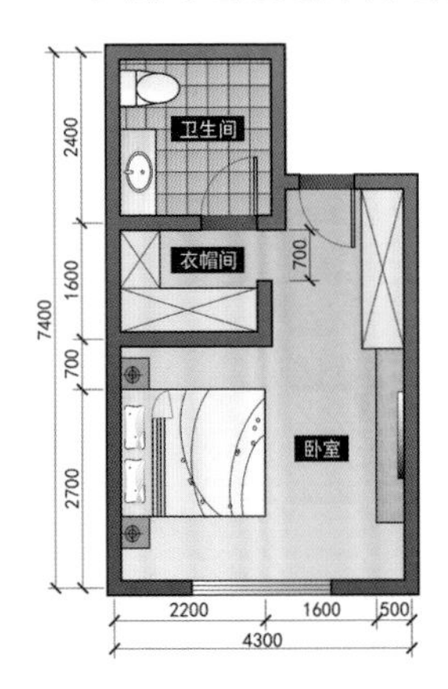

↑通道宽度略小于800 mm的步入式衣帽间

由于衣帽间门扇开启后会让空间变小，可以设计宽度略小于800 mm的开门区或走道满足通行需要。

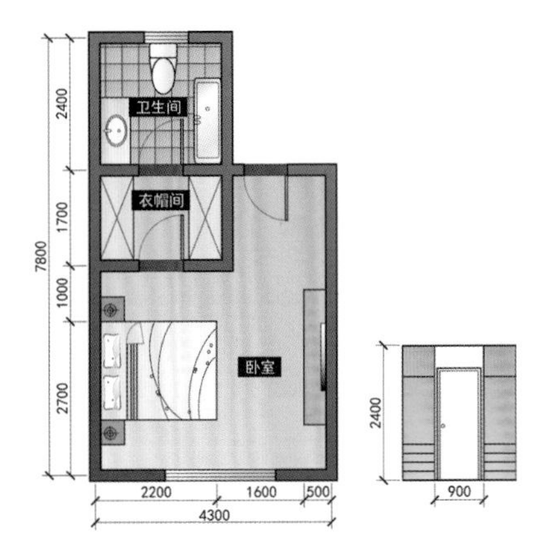

↑通道宽度大于950 mm的步入式衣帽间

当两边都是高柜时，通行与操作空间宽度应当大于950 mm。

四、尺寸设计注意事项

1.空间形状与开门方向的关系

衣帽间面积较小，开门位置与门扇开启方向要尽量避免影响衣柜的使用。

空间形状与开门方向的关系

开间×进深(mm)	1600×2700	1800×2400	1800×2400	1800×2400
面积均为4.3 m²	1600 2700	1800 2500	1800 2600	1800 3400
过道使用面积（m²）	2.1	1.9	1.2	1.2
衣柜使用面积（m²）	2.2	2.4	3.1	3.1
设计合理性	不太合理。走道面积浪费，活动不便	比较合理。走道面积浪费，地面部分可堆放物品	合理。衣柜面积利用充分，地面不可堆放物品，活动较不便	特别合理。衣柜面积利用充分，地面可堆放物品，活动自如

2. 转角空间处理

对转角空间的利用主要来自柜体的延伸，将转角空间与其中一面墙上的柜体保持连通即可。完全贯通的柜体深度不宜超过500 mm，否则承板面积过大容易变形。

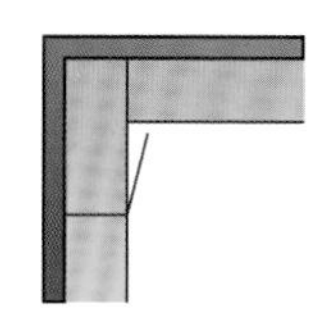

（a）内角开门

柜体内部具有大纵深空间，存取不方便。

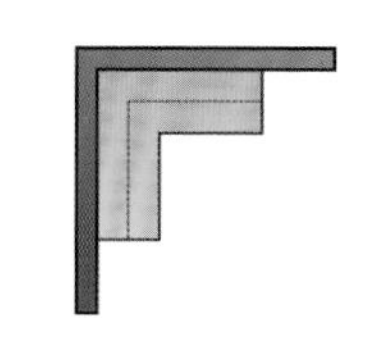

（b）贯通转角

转角处安装连续悬挂衣杆，方便查找物品。

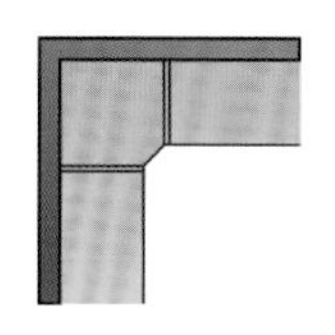

（c）内倒角单间

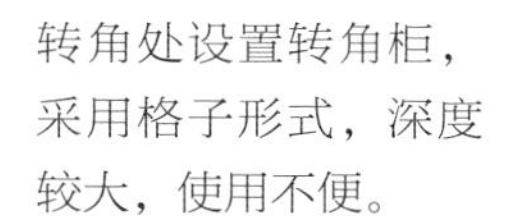

转角处设置转角柜，采用格子形式，深度较大，使用不便。

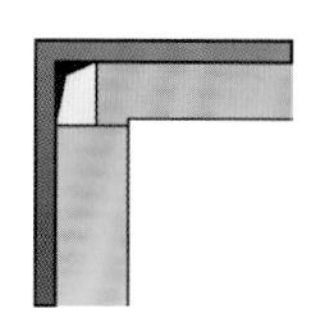

（d）包裹井道

包裹管道井，两面柜体深度可以不相同，便于放置不同物品。

↑衣柜转角处空间处理

3. 抽屉高度

抽屉高度与使用者的手掌长度相当，以将一只手完全且轻松伸入抽屉中取放物品为佳。

错误示例×

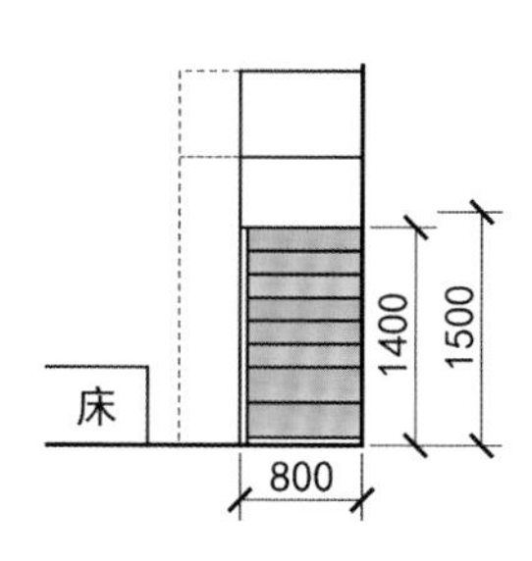

→抽屉高1400～1500 mm

抽屉里的物品使用频率高，而抽屉高度过高会造成拿取不便。

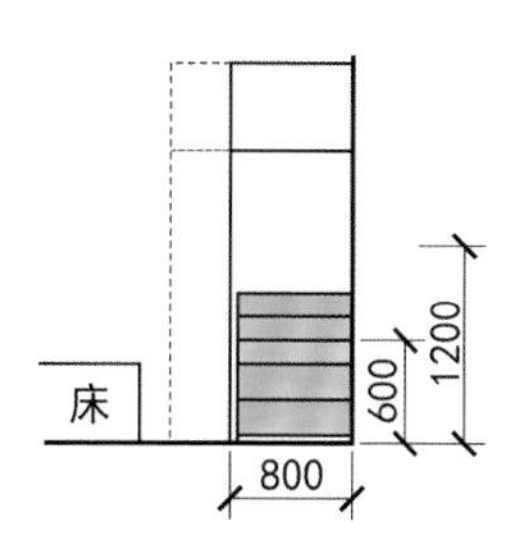

↑抽屉高600～1200 mm

成人衣橱抽屉位置设计得越高使用越方便，但是高度不宜超过1200 mm；老年人衣橱抽屉不宜设计在底层，最低应高于地面600 mm，不仅使用顺手还能防止发生意外；高度在1000 mm左右的儿童衣橱抽屉要避免与孩子头部发生碰撞。

第四节 卧室收纳设计要点

一、定制收纳柜

定制衣柜很受欢迎，定制衣柜与成品衣柜的区别很大，主要区别在于定制衣柜能弥补成品家具所浪费的空间，成品家具的造型与装修风格很难融合。定制衣柜能充分利用卧室的边角空间，具有抽屉、搁板、拉篮等模块化设计，这些优势使衣柜的整体性、随意性、收纳性更强。

1. 定制到顶衣柜

到顶衣柜是卧室收纳利器，不但收纳空间大，还使卧室显得整齐美观。

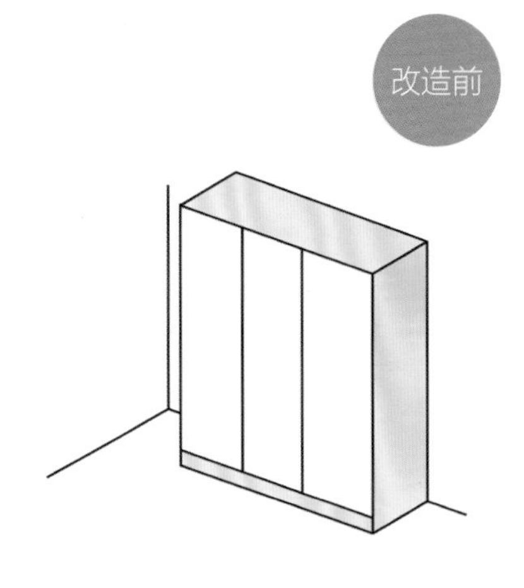

↑普通成品衣柜

普通成品衣柜四周难免有空隙，柜顶空间不能被充分利用。

↑定制柜（顶柜＋下柜）

定制衣柜与空间贴合更紧密，与卧室装修融为一体，能增加收纳空间。

2. 定制窗台榻榻米

榻榻米台面由窗台延伸至床面，榻榻米为床，窗台是床的拓展，能扩大床的使用面积。

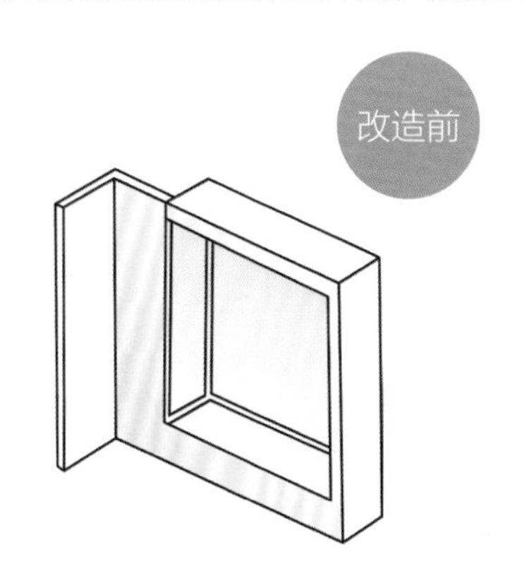

↑空置外挑窗台

↑定制组合榻榻米

边角空间无处不在，卧室中的边角空间主要存在于墙体转角处、门柱处或窗台下。

卧室内难免存在边角零碎空间，利用定制衣柜能收纳更多物品，如利用飘窗定制榻榻米、转角书桌、凹墙储物柜等。

3. 定制转角书桌

书桌转角部位是最佳的容腿空间，上部转角柜可设计成无门柜，能增加收纳空间。

↑空置边角空间

↑定制转角书桌

受房屋面积限制，很多小户型都放弃了书房，将书房与卧室二合一，这需要发挥卧室空间的最大价值。

安装带书柜或书架的书桌，书桌应能放置电脑，台面宽度应达到550 mm以上，同时书柜底部到书桌桌面的高度应大于600 mm。

4. 在凹入式墙体内定制储物柜

凹入式墙体是建筑构造中剪力墙或立柱之间的空余空间，深度达到300 mm以上可以根据需要设计储物柜或衣柜，深度较小则可以设计搁板用于放置陈设品。

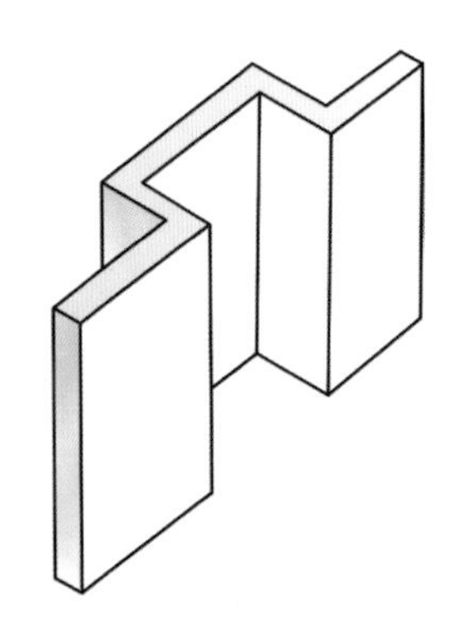

↑空置凹墙体空间

凹墙体在现代高层住宅中经常出现，有大有小，大小不同设计方法也不同。

↑定制凹柜

根据凹位大小定制不同的衣柜，柜体储物量巨大，给人的视觉感受是衣柜全部隐藏到了墙体内，从而获得更大、更完整的卧室空间，增加了卧室空间的储物收纳空间。

二、衣帽间类型

1. 入墙式衣帽间

入墙式衣帽间又称为壁橱，这种衣帽间三面为墙，一面为柜门，柜体深度为600～1000mm，内部采用整体衣柜，组合起来能满足卧室中的各类收纳需求。

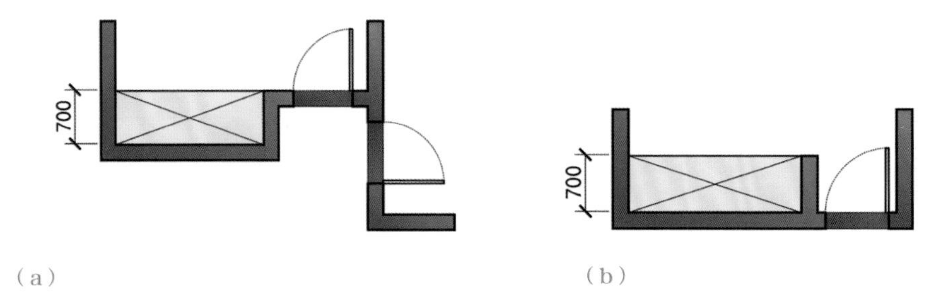

（a）　（b）

↑结合墙体的衣帽间

充分考虑衣柜在卧室中摆放的可能性，结合房间宽度与深度，设计入墙式衣帽间。

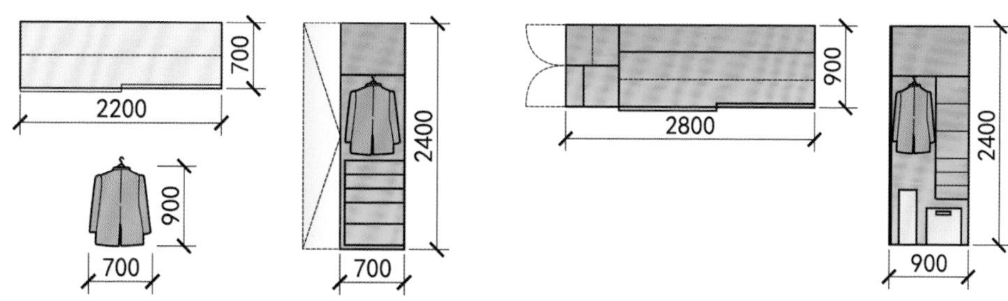

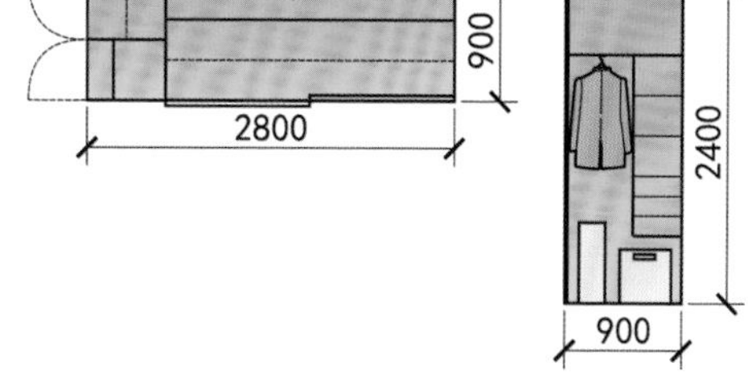

↑深600～800 mm的衣帽间

柜体上部用于收纳大件物品；中部用于悬挂衣物；下部设计多层抽屉，用于收纳小件物品。

↑深900～1200 mm的衣帽间

衣柜深度前部600 mm空间用于悬挂衣物，深度后部300 mm空间可以增设搁板用于收纳物品。

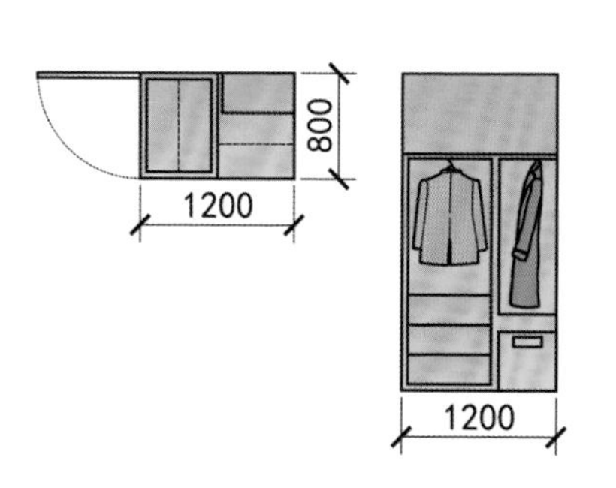

←深1200 mm以上的衣帽间

预留部分空间安装活动式搁架，人可以进入衣帽间内拿取衣物或物品。

2. 步入式衣帽间

步入式衣帽间又称为独立衣帽间，适合面积较大的住宅户型，在设计时要考虑人在衣帽间内穿衣、收纳等活动，为这些活动预留足够的空间。

（1）二字形衣帽间：

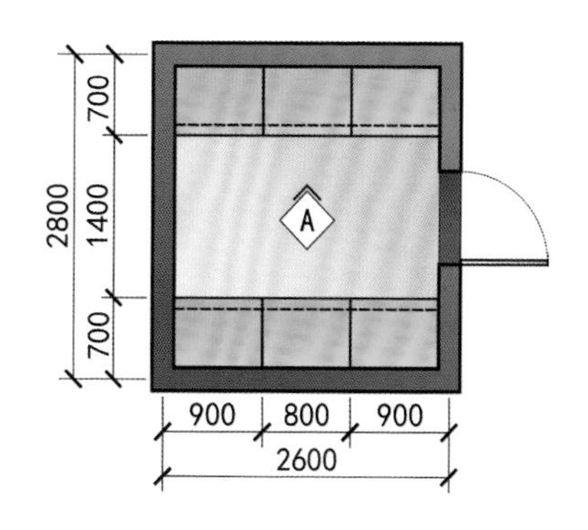

→二字形衣帽间平面布局图

二字形衣帽间又称为双排型衣帽间，适用于中间开门的中小型衣帽间，空间虽然较窄，但收纳效果很好。对于这种开敞式衣柜，深度可略小一些，悬挂的衣物可以伸出衣柜柜体借用走道空间，衣柜最小深度为500 mm。

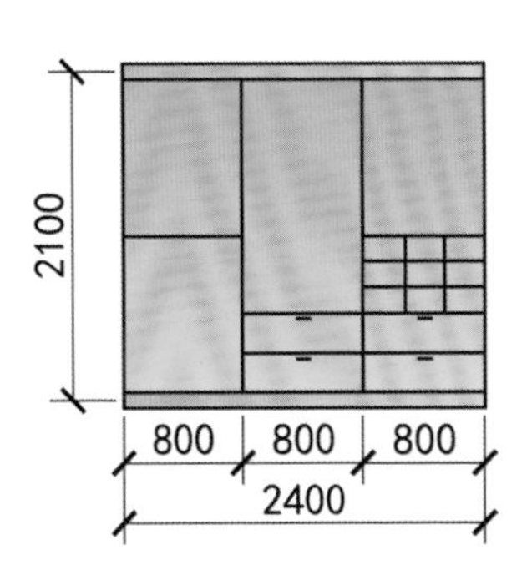

↑柜体立面图

↑二字形衣帽间实景图

在衣帽间内设计丰富的格子与多种抽屉相结合，有利于存放衣物，能有效避免衣帽间因衣物多而显得杂乱无章。

二字形衣帽间的优势是能根据家庭成员的衣物特点分开存储，方便分类，内设梳妆台可以在此换装打扮。如果想将其作为独立衣帽间使用，可以根据衣帽间的具体宽度，将两侧衣柜设计为不同深度，实现收纳最大化。

（2）L形衣帽间：

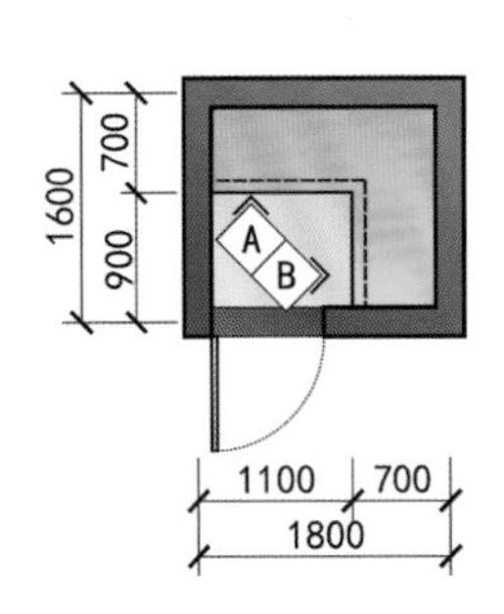

↑L形衣帽间平面布局图

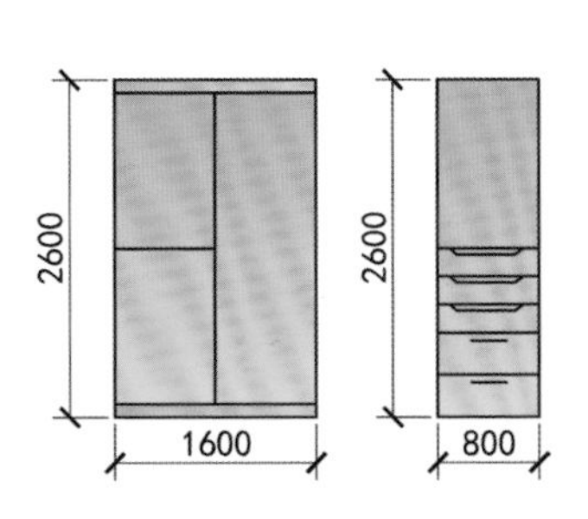

↑柜体立面图

↑L形衣帽间实景图

L形衣帽间适用于墙角或小房间，如果没有独立衣帽间，也可以利用面积稍大的卧室一角。这类衣帽间在视觉上小巧简洁，不会让人产生压抑感。

衣柜设计应当灵活多变，将衣柜与储物架相结合，储物架搁板能调节高度，存放不同物品。

L形衣帽间可以节省很多空间，且多层分区会让所收纳的物品分类清楚明了，还可以安装更衣镜，使用起来会更加方便。

（3）U形衣帽间

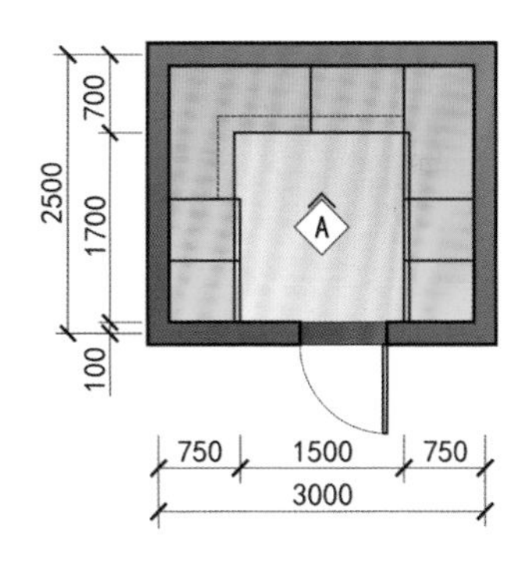

↑U形衣帽间平面布局图

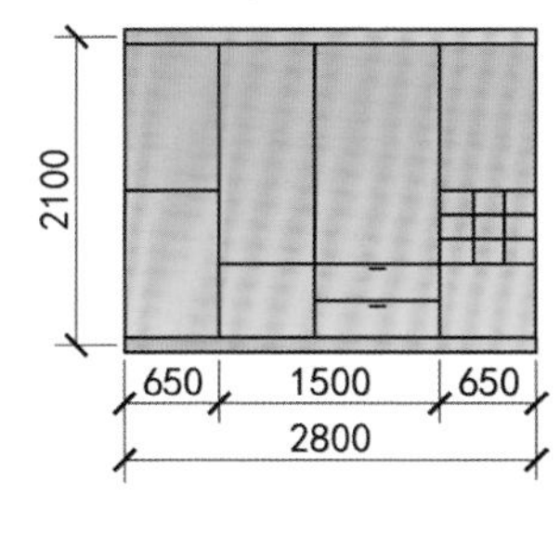

↑柜体立面图

↑U形衣帽间实景图

U形衣帽间要求面积较大，适用于比较方正的衣帽间。这类衣帽间三面都是衣柜，视觉上虽然让人感到压抑，但是只要搭配好灯光，就能大幅度减少衣帽间带来的压抑感，同时也能清晰展示衣柜内的衣物。

转角空间的收纳可能难以整理，甚至显得凌乱，因此应在转角处设计多种形式搁板，用于放置不常用的物品。

为了提升衣帽间的展示性，可以取消衣柜的门扇，将衣柜全部设计成敞开式，但是部分地区尘土较多，考虑到清洁因素，由于U形衣帽间的衣柜没有柜门，所以衣帽间门应当关闭严密。

三、衣柜功能分区与收纳

1. 衣柜基本功能模块

随着生活水平的提高，人们对衣柜的要求也不断提高，个性化与多样化的需求渐成主流。不少衣柜设计师在衣柜构造上下功夫，定制衣柜受到更多消费者的青睐。模块化设计是一种良好的设计方法，用这种方法设计的衣柜可以随意拆分组合，根据主人意愿自由调整、搭配，从而形成新的视觉效果和使用功能。

模块化衣柜可以分为模块造型、模块组合造型、整套产品造型三种类型。右图为一件入墙式衣柜，展示了衣柜的基本功能模块。

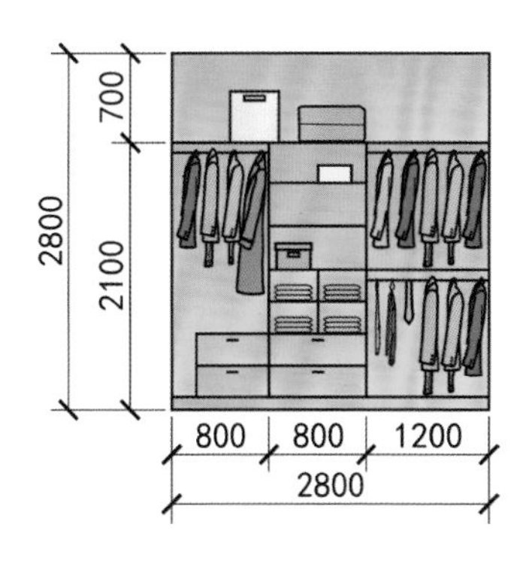

↑入墙式衣柜功能模块

2. 常见衣柜功能模块尺寸

常见衣柜的各基本功能模块所采用的收纳形式与空间尺寸如下。

（1）低柜700 mm以下：

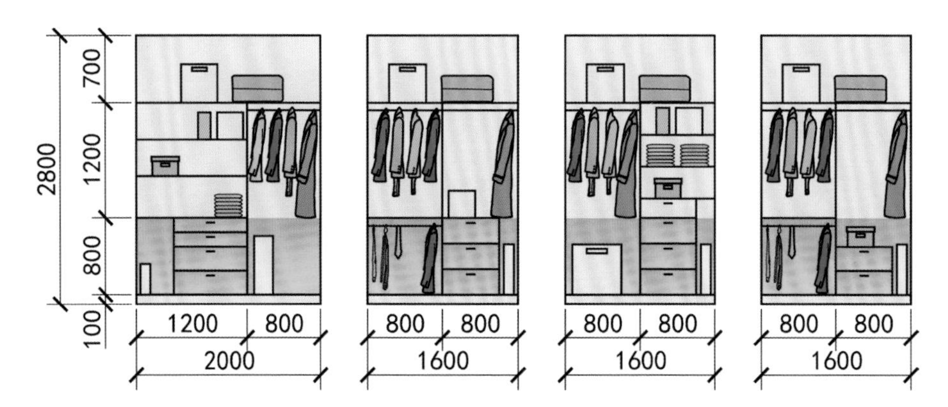

↑700 mm以下低柜各功能模块及尺寸

低柜收纳物品及尺寸

编号	收纳形式		高度尺寸
1	放置于空间下方	行李箱	460 ~ 680 mm
2		储物箱	250 mm以上
3		储物篓	450 mm以上
4	底部压轴	深抽屉	220 ~ 280 mm

（2）中柜下部700 ~ 1200 mm：

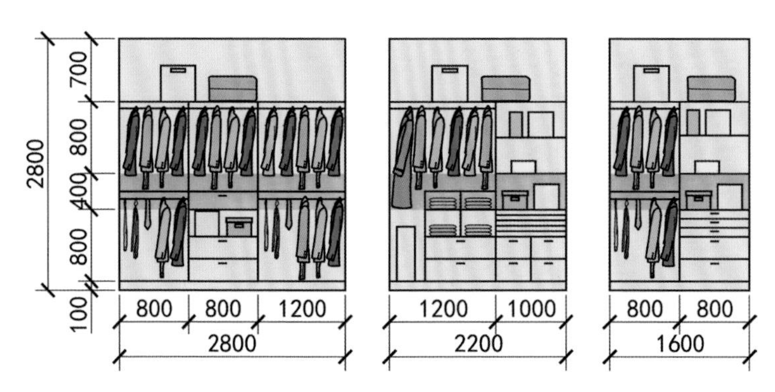

↑700 ~ 1200 mm中柜

中柜下部收纳物品尺寸

编号	收纳形式	高度尺寸
1	挂衣杆、裤架	600～900 mm
2	悬挂在空间下方	600～800 mm
3	挂衣架	800～1200 mm
4	拉篮抽屉	250～350 mm
5	板式抽屉	80～100 mm
6	格子	250～380 mm
7	浅抽屉	80～120 mm

（3）中柜上部1200～1900 mm：

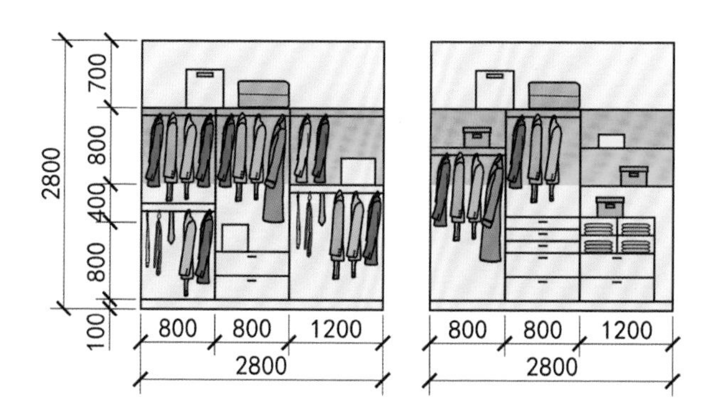

←1200～1900 mm中柜

中柜上部收纳物品尺寸

编号	收纳形式	高度尺寸
1	短衣挂衣	750～1100 mm
2	长衣挂衣	1200～1500 mm
3	挂衣杆上方的格子	180～350 mm
4	格子下方的挂衣杆	900～1200 mm
5	格子	240～340 mm

（4）高柜在1900 mm以上：

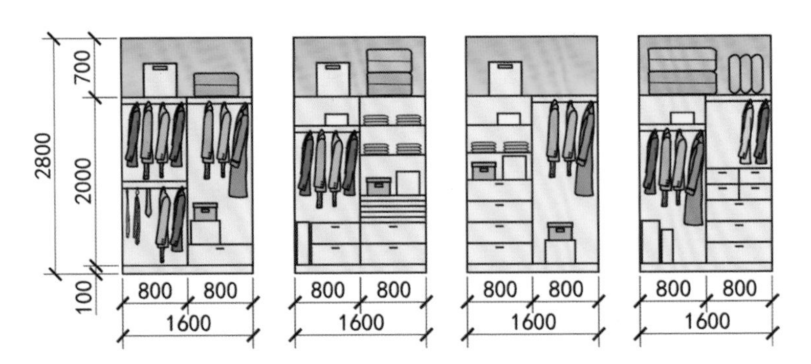

↑1900 mm以上高柜

高柜收纳物品尺寸

编号	收纳形式		高度尺寸
1	大型格子	帽笼	150～200 mm
2		轻质储物箱	250～380 mm
3		礼品盒	200～300 mm
4		藤制储物箱	300～380 mm
5	大型格子	被褥箱包	350～400 mm
6		靠垫、枕头箱包	150～200 mm

四、卧室收纳构件与选材

选购一些收纳构件能提高卧室衣柜的收纳能力，充分利用衣柜内部空间。

卧室收纳构件

构件	物品	收纳方法	实景图
抽屉	薄板抽屉	叠放衬衫，但是横向放置衬衫时，对空间的利用不充分	

续表

构件	物品	收纳方法	实景图
抽屉	网兜抽屉	叠放毛衣、T恤等，可以卷放衣物	
	透明抽屉	叠放毛衣、T恤、袜子、内衣等，透明的抽屉门板方便查看	
	浅抽屉	摆放内衣、领带等不能受压的物品	
	深抽屉	叠放毛衣和堆放袜子等能挤压的物品	
悬挂构件	可拉伸挂衣杆	在较窄的空间内挂置裙子、短裤等	
	裤架	在较矮的空间内挂置裤子、裙子等	

续表

构件	物品	收纳方法	实景图
悬挂构件	下拉式挂衣杆	供残疾人、老人、孩子放置衣物	
	金属横杆	悬挂领带、围巾等	
	搁板	能调整搁板间距，根据物品尺寸设置最佳存放空间	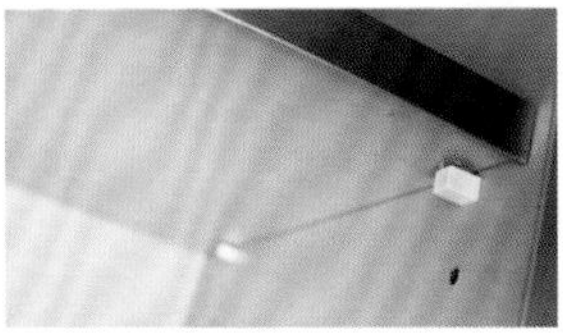

卧室收纳构件选材

名称	选材	实景图
柜体	柜体采用厚18 ~ 25 mm的三聚氰胺贴面中密度板或颗粒板，采用金属框架结构，隔板选用玻璃、透明亚克力板，透明隔板方便观察格子内物品。抽屉面板采用板材或玻璃，不用拉开抽屉就能看到内部物品	
柜门	推拉门门框采用锌合金、铝镁合金、铝钛合金等硬质材料，门板采用密度板、玻璃、硬质PVC、镜子等，推拉门应增设密封条，以防灰尘进入	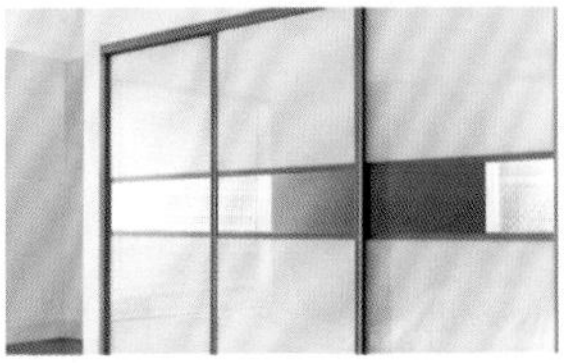
配件	多种材质制成的内搁架、裤架、挂衣杆、挂钩、滑轮等，其中滑轮磨损率很大，应使用优质品牌产品	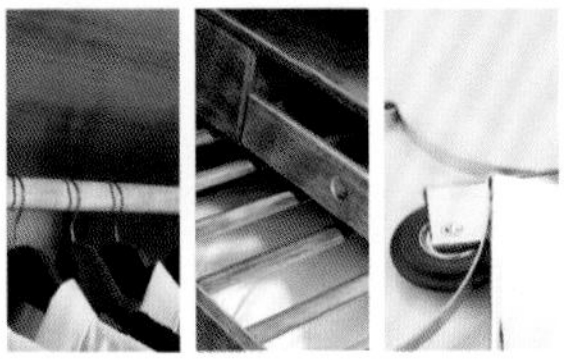

五、整体衣柜模块

1. 整体衣柜模块形式

整体衣柜可以采用柜体式结构、挂板式结构、金属框架式结构等形式。

↑柜体式结构

↑挂板式结构

柜体式结构最传统、稳定，适合衣物数量多的家庭。

挂板式结构的搁板能任意调整位置，但是对五金件质量要求高。

←金属框架式结构

利用金属架和木搁板将衣服归类。

2. 整体衣柜功能模块尺寸

整体衣柜的功能模块尺寸多种多样，设计时应根据自己的实际需求确定。

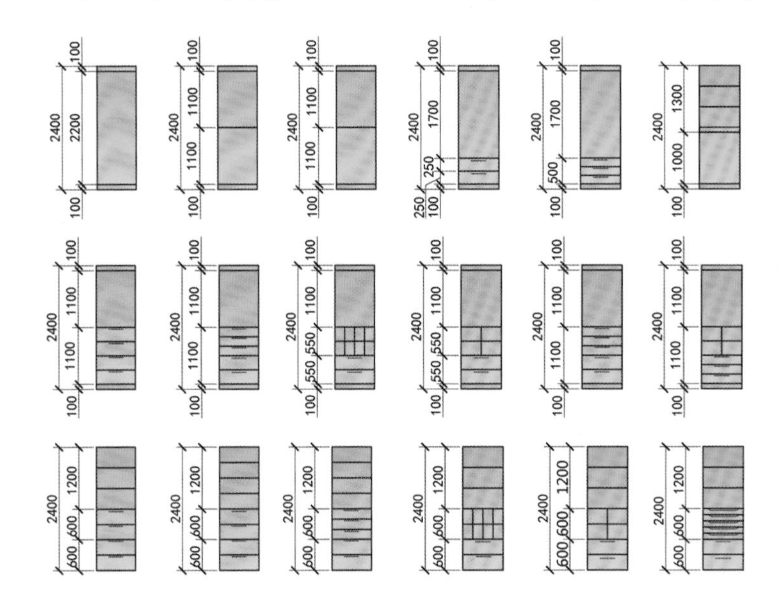

←整体衣柜各功能模块尺寸

六、卧室衣柜设计实例

卧室衣柜采取模块化设计，应当根据墙体实际宽度，将不同功能模块组合在一起，最终形成的衣柜能满足不同卧室功能与生活习惯要求。

高柜使用时需要登高，取放不便，且存放的物品较大，高柜在横向上应当尽量连通，图中衣柜高柜为外开柜门，因此高柜两侧柜体不通。

适当降低衣架，方便挂衣服，能得到高度100～150 mm的搁板空间，可存放服装配饰，便于观察、拿取。

高度700～900 mm搁板空间能存放夏季短衣，去掉搁板能得到1000～1300 mm的高度空间，满足换季储藏需求，能大量存放冬季悬挂衣物。

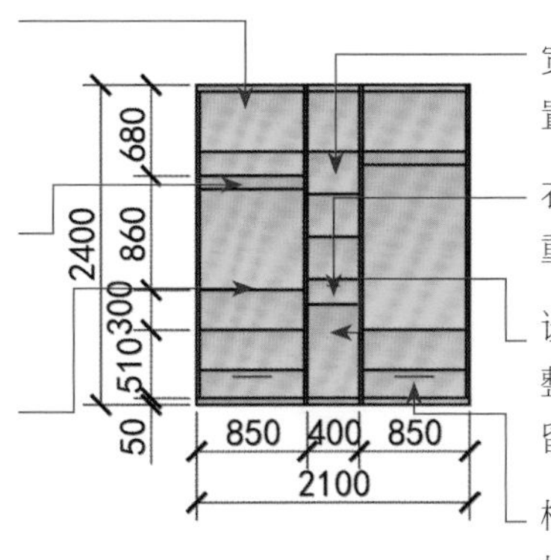

↑小户型卧室2100 mm宽衣柜设计实例

宽400 mm的搁板适合紧密放置折叠衣物。

衣柜中带锁小抽屉用于放置贵重物品，便于观察、取放。

设计抽拉裤架，放置储物筐、整理箱等，还能在柜体两侧预留搁板固定孔，插入搁板。

柜体搁板的高度可以调节，根据衣物长度尺寸确定搁板位置。衣柜底部为深抽屉，需防止灰尘进入，方便观察、取放。

第五节 儿童房收纳设计实例

一、儿童房布局设计实例

儿童房布局要用长远的眼光来规划，虽然房间面积不大，却是一个多功能空间。儿童房首先是一间卧室，应具备基本的睡眠功能；其次是一处玩耍的场所，要具备一定的储存功能；再次是一处学习场所，要注意自然光的应用以及学习用具的收纳设计。

一般儿童房面积较小，家具应当靠墙摆放，可以设法延长摆放家具的墙面，这就等于增加了收纳空间。通过改变门的位置创造一个可以摆放柜子的空间，改造后的儿童房也不会显得拥挤。

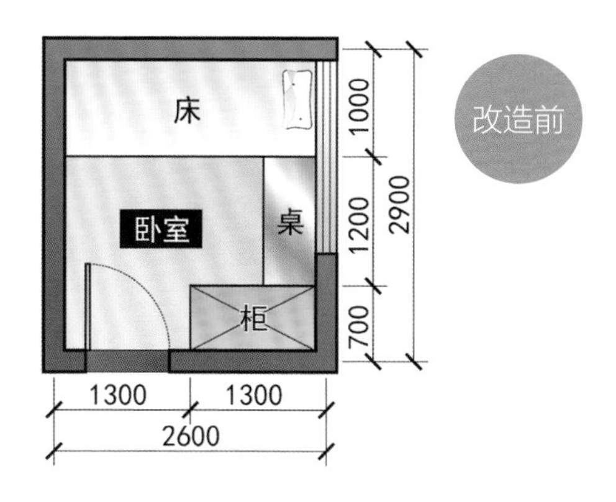

↑L形布局

房间门位于房间边角，深蓝色填充墙体沿线都能稳定摆放家具，窗户为浅蓝色填充。书桌最大长度为1200 mm，衣柜最大长度为1300 mm，床可以设计为榻榻米的形式，总长度可达2400 mm。

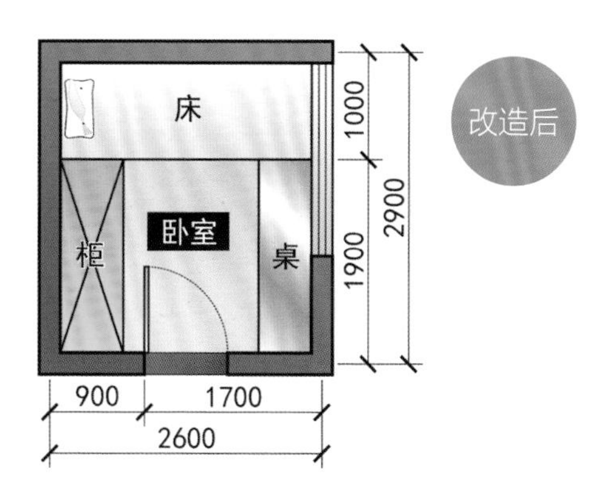

↑U形布局

将门向中央移动约600 mm，改到房间墙体中央后，左侧墙体处就形成了凹入形态的衣柜位，可收纳大量衣物。书桌最大长度为1700 mm，衣柜最大长度为1800 mm，床可以设计为榻榻米的形式，总长度可达2400 mm。

二、儿童房家具收纳设计实例

儿童挂置衣物较少，叠放衣物较多，同时要考虑儿童玩具、书籍的收纳摆放。最好能设计成形体较大的通体衣柜，可以在左上层放置折叠或挂置衣物，右上层放置课本、读物与学习用具；下层空置，方便儿童随时打开柜门并取放玩具，满足儿童的好奇心理。

儿童房收纳还要考虑使用时效，应当满足儿童今后10年的成长需求，要长远考虑需要收纳的服装与物品，房间可以不大，但是柜体内的储物形式应当多样化。

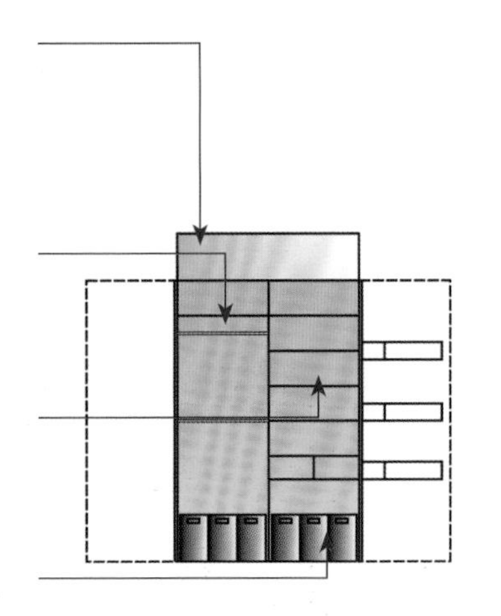

←儿童房顶柜立面示意图

将空调装进衣柜既美观又实用，选择防潮性能较好的板材，或采用铝合金柜门，避免衣柜受潮，也可以不安装柜门或在使用时打开柜门，便于空调正常使用。

↑顶部柜收纳实景图

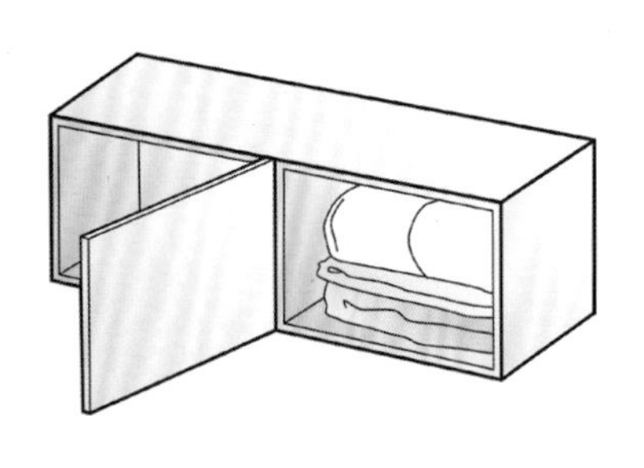

↑顶部柜收纳示意图

顶部柜中的物品不方便拿取，可以收纳一些儿童闲置或换季衣物、被褥等。这些暂时不用的衣物可以使用压缩袋、帆布袋与可折叠的小型收纳箱整理叠放。

空调或闲置换季服装、被褥等

可调节挂衣杆、分隔板、收纳盒

可调节分层、收纳盒或收纳袋

定制玩具整理箱、衣物收纳箱

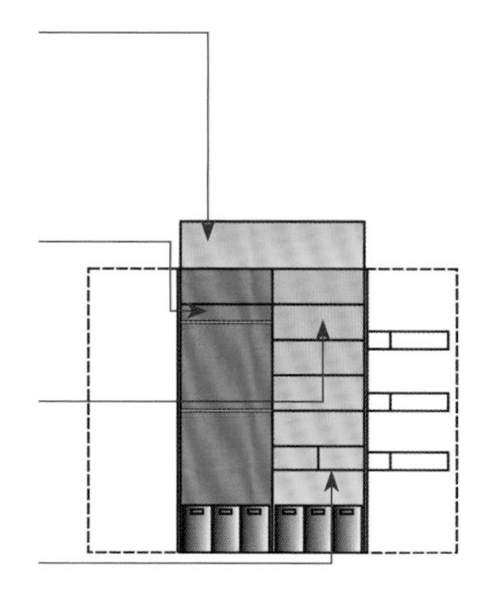

←儿童房挂衣柜立面示意图

由于儿童衣物短小，因而挂衣柜上部会空余出很多空间，可以利用分隔板分层，使用轻巧型的透明收纳箱，便于察看衣物。

（a）挂衣柜收纳实景图

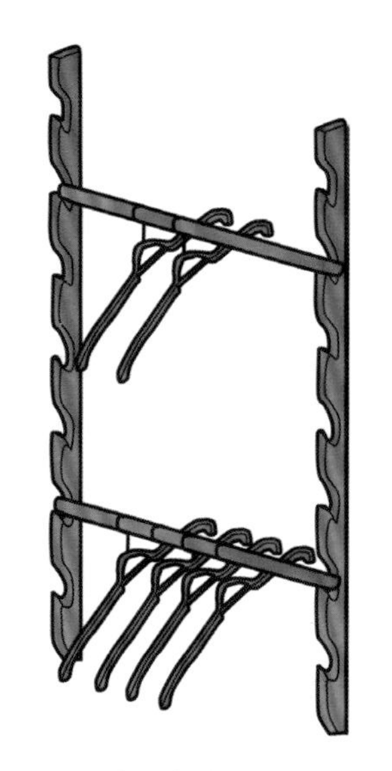

（b）挂衣柜收纳示意图

↑儿童房挂衣柜收纳

挂衣杆通常是固定的，这对于成长中的儿童并不适用，将普通挂衣杆替换成可调节高度的挂衣杆，根据季节与孩子的衣长任意调节，操作起来简单便捷。

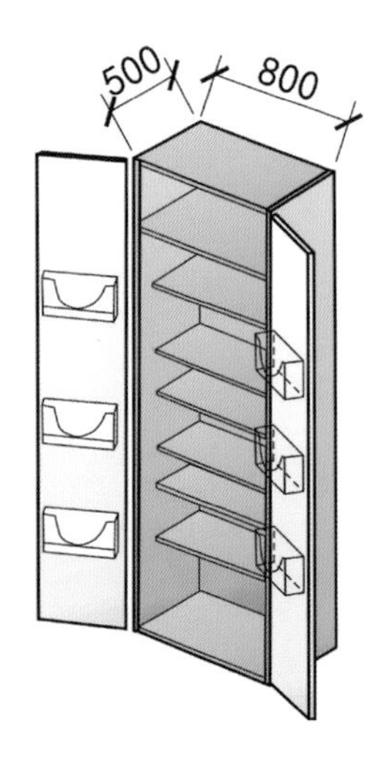

↑ 书柜收纳示意图

在装有可拆装层板粒的固定孔上安装搁板

↑ 柜体收纳实景图

书籍大都为A4或A5纸张大小，最大宽度不超过300 mm。如果书架需要能收纳文件盒与书包，书柜净深度应为350 mm。如果不想书前部空间过多，导致杂物堆积，那么书架的净深度宜为300 mm，最深不可超过330 mm。侧板上竖向每间隔32 mm预留固定孔，孔内可安装层板粒，可以根据书籍高度任意调节层板位置，减少空间浪费。

柜体总体深度为500 mm，书架层板的净深度定为300 mm或330 mm，层板与柜门之间还能剩余170～200 mm的宽度。如果书架带柜门，则柜门处还可以悬挂收纳盒或收纳袋，用于储存小物品。

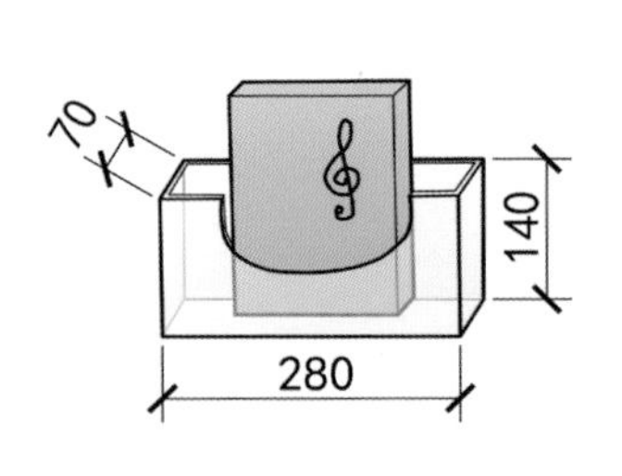

↑ 书柜壁挂盒收纳示意图

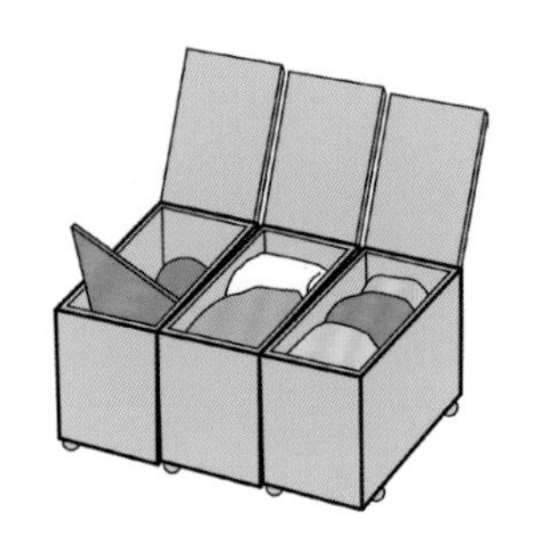

↑ 收纳箱收纳示意图

第四章

重点概念：书柜，层板间隔，书桌空间。

本章导读：独立式书房不仅能提升住宅的人文气息，同时还能给家人提供阅读、工作、休憩的场所。合理规划书房的收纳空间，能让书房的利用率大大提升，有助于营造良好的学习、办公氛围，提高工作效率，改善居家办公的心情。本章归纳了书房的多种整理方法，将书房收纳功能最大化，达到既能收纳很多书籍与零碎物件，又能保持书房整洁的效果，让书房里的所有物品都能找到自己的归宿。

第一节 书房收纳要求

一、书房户型分类

1.独立书房

将一个独立的房间设为书房，对家居住宅户型与面积有一定要求。一般小户型空间紧凑，用一个房间作为书房会比较困难，但是独立书房有利于阅读和工作，能提高学习和工作效率。

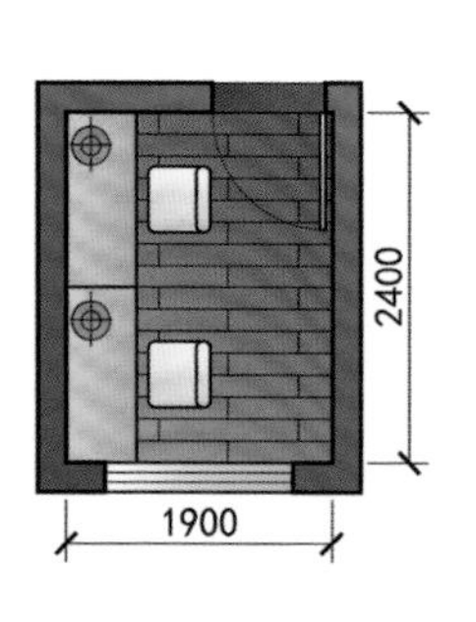

（a）平面布置图

（b）普通双位书房

↑典型书房

适合环境：小面积双人书房。

设计要点：书房空间面积不大，家具无需摆放过多，避免分散学习、工作的注意力，有助于营造氛围。

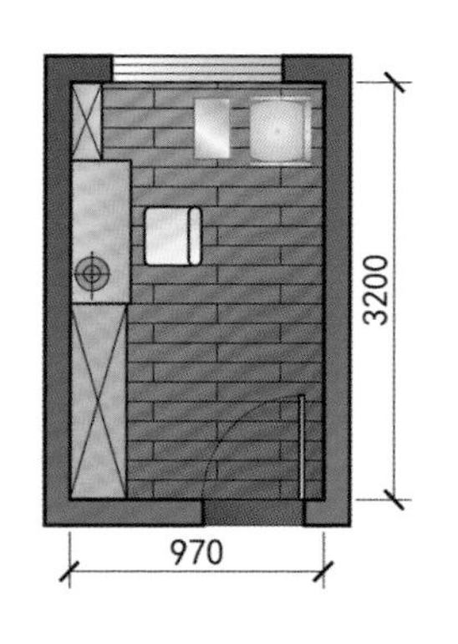

（a）平面布置图

（b）带沙发的书房

↑带休息区的书房

适合环境：小面积单人书房。

设计要点：如果书房内有足够空间，可在空间内放置一件沙发，方便看书、思考。

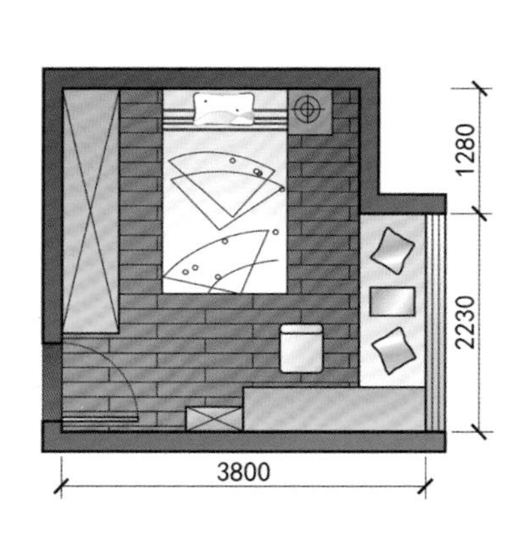

（a）平面布置图

（b）榻榻米＋书桌的设计

↑带榻榻米的书房

适合环境：卧室、书房一体化空间。

设计要点：将书房外挑窗改为榻榻米，可以在此处休憩，榻榻米下部用于储物，客人来访时也可以当作客房使用，这种形式适合中小户型住宅。

2. 共享书房

对于大多数中小户型而言，最实用的处理方法是一个空间有多种功能，可以将书房与客厅、卧室、阳台等空间结合起来，巧借空间，最大化利用空间。

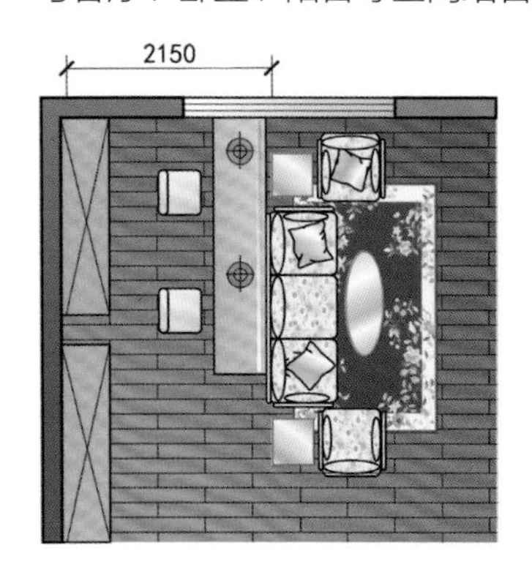

（a）平面布置图

（b）沙发背面分隔出书房

↑书房与客厅一体化

适合环境：客厅面积较大，无阳台。

设计要点：将客厅一角设计成书房，实现书房与客厅共存，这两处空间的功能可以相互转换。如果电视背景墙较长，还可以连着背景墙布置书桌。如果客厅面积较大，可以将书桌摆放在沙发后面，在书桌旁的工作椅上也能看电视。

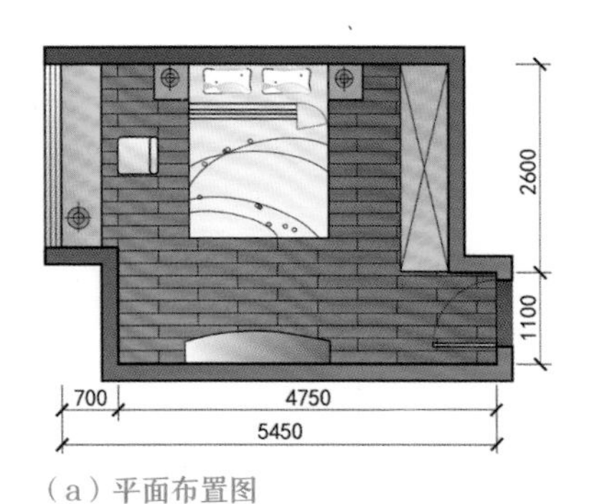

（a）平面布置图

（b）书架+书桌的设计

↑主卧兼作书房

适合环境：面积稍大的卧室。

设计要点：在卧室设置一张小书桌，供平时阅读、工作或辅导孩子作业之用，还可以把书桌当作梳妆台，两种功能随意切换，实用性强。

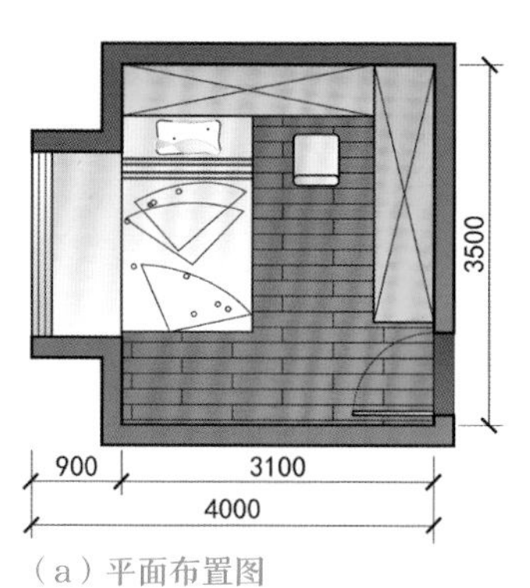

（a）平面布置图

（b）床头书架、书桌一体化

←儿童房兼作书房

适合环境：面积较小的房间。

设计要点：卧室与书房融合为一体，能大幅度节约空间，如床与书桌、衣柜与书桌组合在一起，或三者结合在一起。

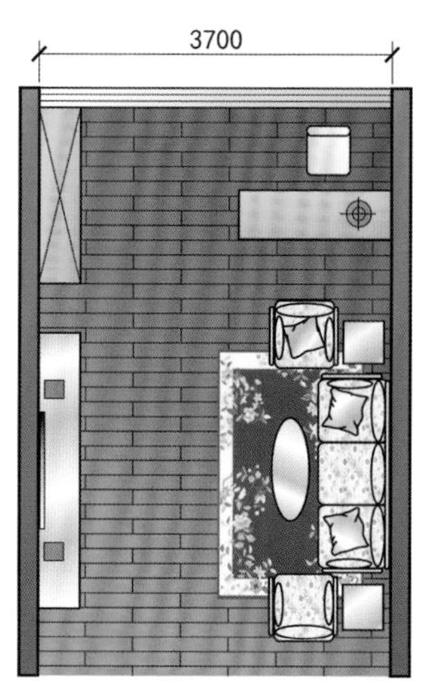

（a）平面布置图

（b）开放式阳台书房1

（c）开放式阳台书房2

↑客厅小阳台改造的书房

适合环境：面积较小且有阳台的客厅。

设计要点：将阳台纳入客厅，扩大了客厅面积，同时将阳台空间变成开放式书房，等同于为客厅增加了一处书房空间，拓展了客厅的功能，实用性强。注意加强阳台窗户的密封性，同时安装双层窗帘。

二、书房家具布置

大多数书房储物家具都靠墙放置，尽量提高空间的利用率。不少家庭也会将书房变成储物间，设计大衣柜存放更多衣物、被褥，但是要预留书桌，书桌可能当时用不到，一旦要用就是必不可少的。

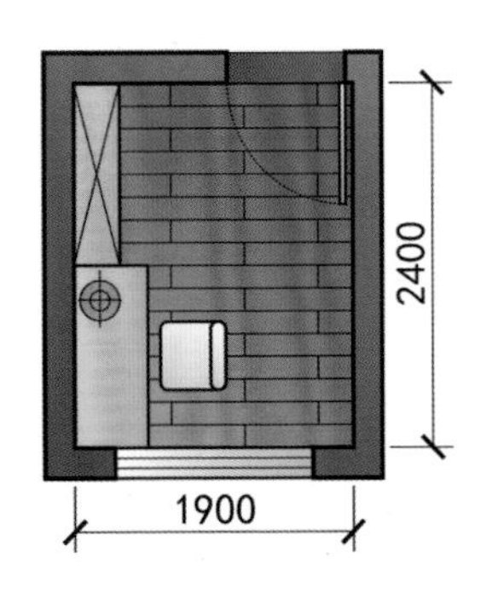

↑一字形布局

将写字桌、书柜靠一面墙布置，使书房显得简洁素雅，营造出宁静的学习氛围。

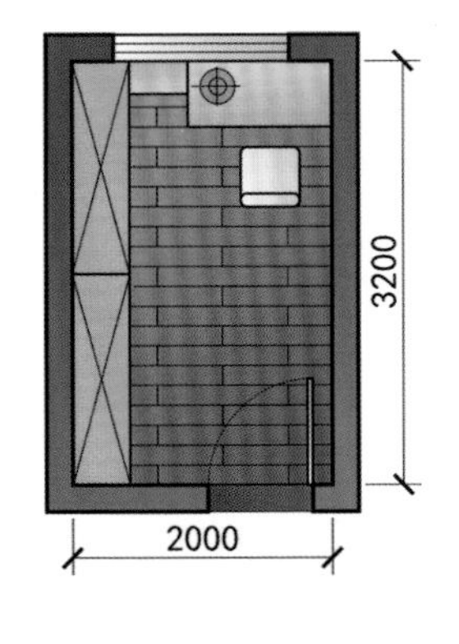

↑L形布局

将书柜与写字桌靠墙角布置，形成直角，这种布局占地面积小。

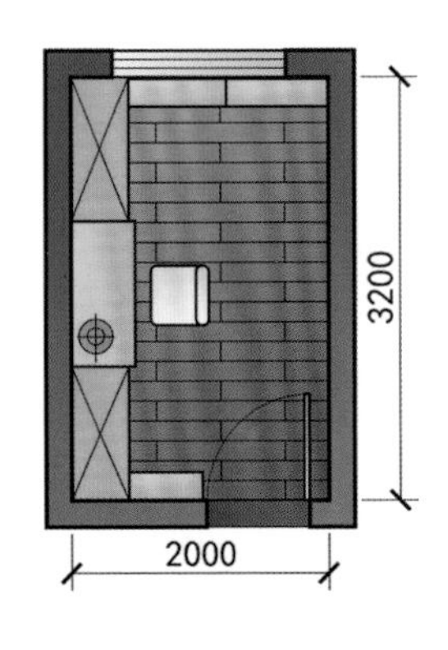

↑U形布局

将书桌布置在书房较长的墙面中央，以人为中心，两侧分别布置书柜、书架、置物柜，使用较方便，但是家具占地面积大，适用于面积较大的书房。

三、人在书房的行为活动需求

合理安排书房空间，现代书房通常会有三个区域，即工作区、储物区、会客区。在工作区，应保证所有常用物品拿取方便；在储物区，可以收纳大量书籍、设备，如打印机等；在会客区，除了接待客人，还可以安排一些娱乐项目来调节工作节奏。

人在书房的行为活动需求

行为活动需求	实景图	设计要求
阅读、工作		设置在采光较好的区域，既能保证阅读、工作的舒适性，又能节省能源
书籍储物		将资料、书刊等各类用具放置在书架上，摆放整齐
会客交流		设置待客区，放置沙发、椅子、茶几等

第二节 书房收纳物品分类

书房中需要收纳的物品不少，很多家庭会将体积小、使用频率低的杂物放在书房，除了学习、工作用的必要文具外，还会收纳部分生活用品，因此要进行细致分类。

书房收纳物品分类

物品	种类	收纳要求	实景图
书写工具	各类写字用笔、纸、墨	力求书桌台面无物，使用收纳盒、文件盒，将物品收纳到抽屉中，留下空白桌面空间供人随时进入学习、工作状态	
	画笔、颜料以及其他绘画与绘图工具	将各种画笔竖立式收纳，既方便使用，工作台面看起来也整洁	
书籍	文件资料、图书等	书柜设计为开放式，安装玻璃柜门，方便取放且一目了然。注意远离潮湿环境，否则书本易受潮、发霉，如远离阳台、厨房、卫生间、窗户等。	

续表

物品	种类	收纳要求	实景图
文具工具	计算器、订书机、尺子、剪刀、美工刀等文具	可将文具放置在收纳盒、收纳筒中，或挂在架子上，在桌面上留出更多活动空间	
辅助设备	数据线、充电器、耳机、迷你风扇、鼠标等小物件	将小物品单独分类收纳，一目了然，不会显得过于凌乱	
	电脑	考虑书房书桌大小与自身需求，选择合适的电脑机型	
	台灯	工作用调光台灯能保证阅读工作区域的光照，台灯设置在书桌左侧为佳，以免右手书写形成阴影	
	打印机、传真机	多层置物架竖向叠加摆放，或横向并排摆放，收纳柜背面预留一两个插座，方便打印机等设备用电	

第三节 外挑窗收纳设计实例

一、常见外挑窗类型

与普通窗户相比，外挑窗能让房间看上去大些。最重要的是高度低于2.2 m的外挑窗不计入建筑面积，是现代住宅中免费的附加空间。

常见外挑窗类型

名称	示意图	设计要求
标准外挑窗	主流配置；窗台高约450mm	目前70％的住宅外挑窗是这种类型，窗台距地高度约450 mm，台面深度约600 mm
假外挑窗	禁止；窗台可以砸掉	假外挑窗的台面与下部墙体均可以拆除，但是拆除后存在外墙漏水的隐患，这种建筑结构与改造方式已经被禁止使用
落地外挑窗	不普遍；窗台下部落地	外挑窗直接落地，窗台空间可以当作室内空间正常使用，但上部梁较低，给人压抑感
低台外挑窗	不普遍；窗台高约200mm	窗台距地200～300 mm，可以将其改造成休闲地台、梳妆台、书桌或外挑窗沙发
超高外挑窗	不适用；窗台高得离谱	这类外挑窗的窗台高达800 mm以上，一般出现在住宅建筑的结构层，利用率很低

二、外挑窗改榻榻米设计实例

将外挑窗改为榻榻米，让榻榻米与窗台合为一体，上部搭配小方桌，可坐可卧，下部可以收纳闲置物品。当外挑窗宽度超过2 m时，可将其改造为床榻的一部分，能有效节省空间。卧室、客厅、书房等空间内的外挑窗都可以这样设计，能增加书房的收纳空间。

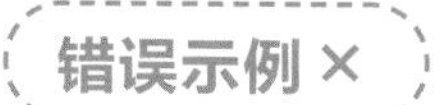

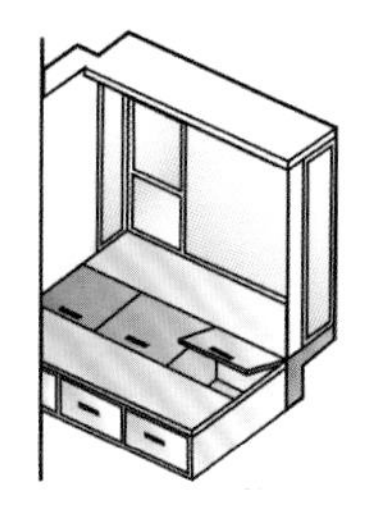

↑抽屉＋上翻盖式收纳箱

当榻榻米面积较大时，通常外侧设计成抽屉，中间设计为上翻盖式收纳箱。如果在榻榻米上铺设床垫、床单，拿取非常不便，且内部储存空间不透气，物品易发霉。

正确示例√

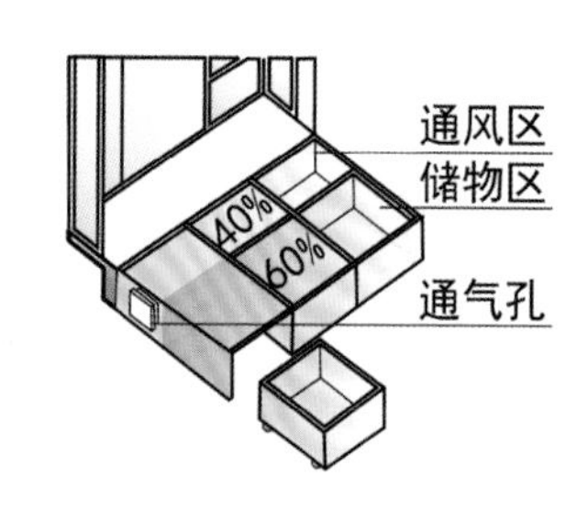

↑40%空置区＋60%滚轮箱

以4：6的比例划分，内侧40％空间作为通风区，空置不储物，在相邻的床箱侧壁上开排气孔；外侧60％空间采用滚轮箱收纳物品，使用时向外拉出且不受床垫限制。

三、书桌与榻榻米组合设计实例

小户型书房，如果使用面积不够，榻榻米式收纳外挑窗是一种高效的收纳设计形式。闲暇时光，坐在休闲区品茶、看书、刷手机，累了能直接躺下休息，配合榻榻米还可以将部分空间设计成书桌与书柜，提高书房的空间利用率。

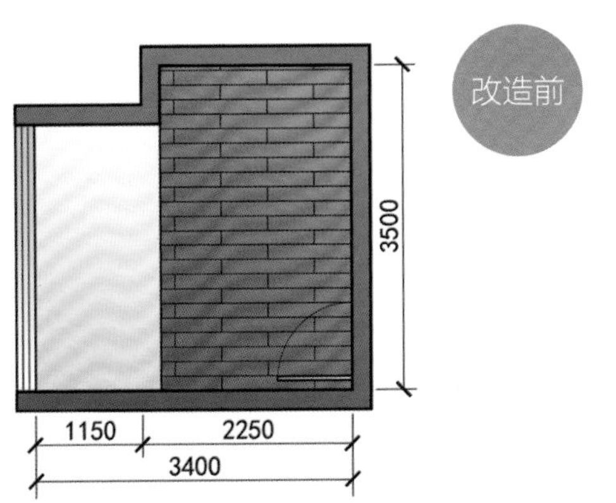

↑原始外挑窗户型

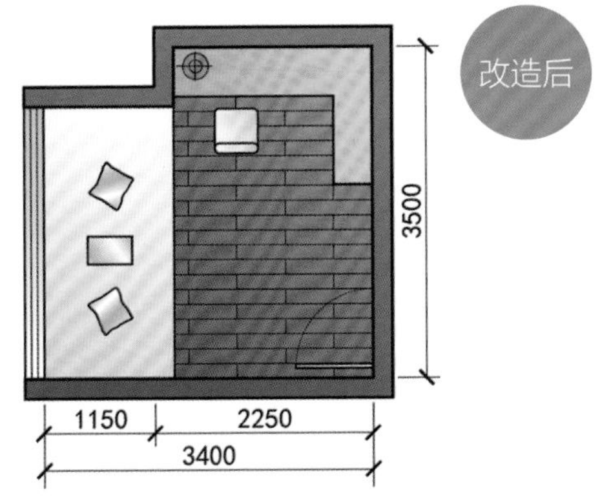

↑L形书桌与榻榻米组合

原始户型飘窗约占据35%的书房面积，能有效利用的书房空间是非常有限的。如果将外挑窗设计为堆放杂物、放置花盆的地方，不仅没有利用好空间，反而会使其失去美感。

榻榻米可当作沙发或床，单元箱内可储物，兼具临时客房的功能，嵌入式定制书桌与书柜能将空间利用到极致。书房家具布局呈L形，紧凑简单，实用性强。

↑榻榻米收纳设计

将外挑窗下部墙体拆除后，扩大了书房空间的使用面积，书房空间更加宽敞通透，附带超强收纳功能的榻榻米设计，集储物、休闲用途于一体，巧妙利用原本狭小的空间，设计出不同寻常的书房。

↑挂墙式组合书桌书柜设计

书房面积不大，定制挂墙式书桌书柜，将一面墙打造成办公、学习空间，这样的定制家具更加结实耐用。

↑床头角落深化改造

利用定制家具的优势，巧妙制作带轮拖抽，用于收纳行李箱等物品，取放轻松，合理利用了这个又窄又深的区域。

四、外挑窗改书房设计实例

大多数家居空间受面积限制，各个房间功能有限，实在没有多余房间作为独立书房了，但是对书房又有刚性需求。

可以考虑将书房设在卧室中，对空间进行深化设计，打造出一个全新的小型工作区。如果是带外挑窗的卧室，可以定制书桌，将外挑窗改造成书桌，既方便又实用。

新增的桌子深度与下部墙体深度相同，当人坐在桌前时，完全无处放腿。

（a）空间示意图　（b）侧立面图　（b）搭配书架示意图

↑有容腿空间的书桌

桌面部分应向外延伸250 mm，桌子底部距地面600 mm，这样就能预留出容腿深度，确保人在坐姿状态下的舒适度。抽屉下部空间收纳量小，可以全部封闭，避免日后成为收纳死角。此外，可以根据外挑窗的尺寸定制书架，书桌与窗户玻璃之间的凹槽空间可以放置仿真盆栽、玩偶或琐碎杂物。

第五章

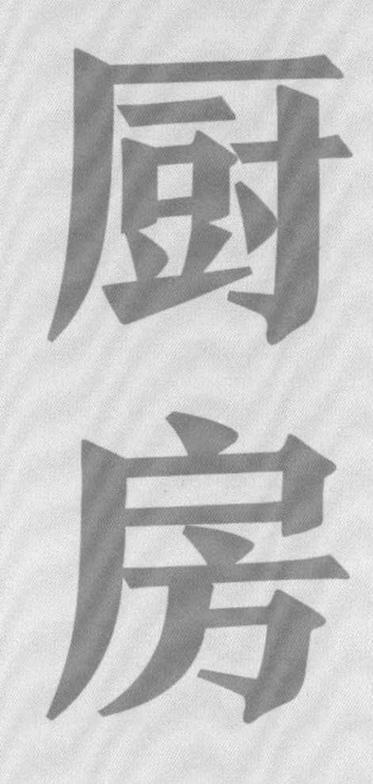

厨房

重点概念：厨房物品，收纳要点，操作流程，收纳空间使用与分配。

本章导读：厨房收纳不仅要进行整齐、细致、科学的分类，更要因地制宜，方便拿取。本章通过分析厨房物品的分类与收纳、人的行为活动特征、操作流程、厨房收纳位置分配等方面，细致、快速地解决厨房收纳空间的利用率问题。在厨房有限的面积内，不放弃任何可以被利用的角落，不断完善厨房功能。

第一节 厨房物品分类与收纳

一、炊具收纳

炊具形体大小不一，收纳时可相互搭配组合摆放。

炊具分类与收纳

分类	物品	示意图	收纳设计要求
锅具	各类型锅具		普通家庭常用锅约为6件，除了1～2件常置于炉灶上外，还应考虑至少4件的收纳，占用空间约为0.2 m^3
餐具	各规格碗碟		普通家庭常用餐具约为30件，加上茶杯、酒杯、玻璃杯等酒具和水具，占用空间约为0.3 m^3
辅助器具	各规格、用途的汤勺、刀具与小件用具等		小工具、刀具、饭盒、餐巾纸、洗涤用品、纸袋、保鲜膜、抹布、围裙等，占用空间约为0.1 m^3

二、食材收纳

根据食材的特性与保质期分别将其收纳在不同容器或格子中。

食材分类与收纳

分类	物品	示意图	收纳设计要求
需要在冰箱存储	易变质的食物	 新鲜肉类  果蔬  奶类饮品	新鲜肉类、蔬菜、水果、奶类饮品等需要在冰箱低温储存的食物，单开门冰箱预留空间宽度不小于700 mm，双开门冰箱预留空间宽度不小于1100 mm
可常温保存	不易变质的食物	 五谷杂粮与干货  大米  调料	干货、粮食、调料等在常温下保存时间较久的食品，约占0.2 m^3的收纳空间

厨房收纳要点与操作动线

一、厨房收纳要点

1. 炊具收纳要点

（1）锅具类：根据形状、大小、使用频率不同，将锅具储存在不同位置。常用的炒菜锅应放置在炉灶旁，或放在炉灶上，或挂在附近的挂杆、挂架上。不常用的锅可收进橱柜中，如抽屉、吊柜、橱柜转角处。如果橱柜不够用，还可以购置置物架或在墙体安装搁板，这样厨房会显得美观整洁。

↑利用炉灶或墙面挂杆收纳

↑利用多功能U形挂架收纳

多层置物架

↑利用独立置物架收纳

↑利用墙体搁板收纳

↑利用橱柜高抽屉收纳

↑利用水池下地柜置物架收纳

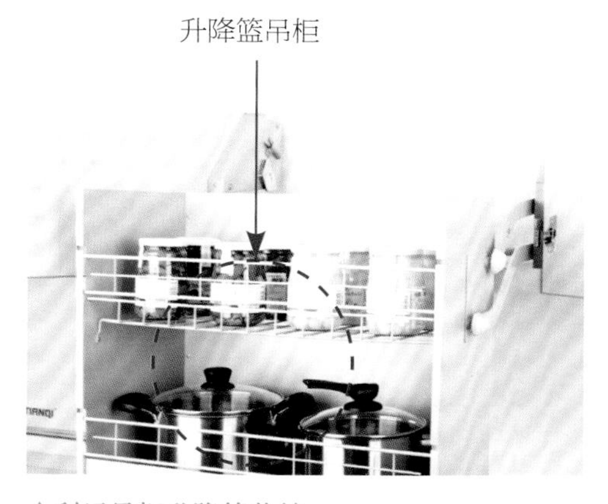

↑利用吊柜升降篮收纳

↑利用转角橱柜收纳

（2）常用物品：抹布、砧板、刀、铲、洗洁剂、常用碗筷等使用频繁，且潮湿带水，收纳这些物品除了考虑拿取方便外，还要注意通风、防潮、滴水处理。

↑多功能五金架与木架

洗洁剂、洗碗刷、杯子、碗碟等放置在沥水方便的五金架上，刀具放置于实木刀架内或五金架上。注意实木刀架应防水、防霉。

↑穿孔挂板+挂钩

收纳打蛋器、汤勺、砧板等小物件，除了使用挂杆外，还可以使用穿孔挂板与挂钩配合放置，存放简洁且拿取方便。挂钩应固定在挂板上，必要时采用强力双面胶粘贴，以防松动。

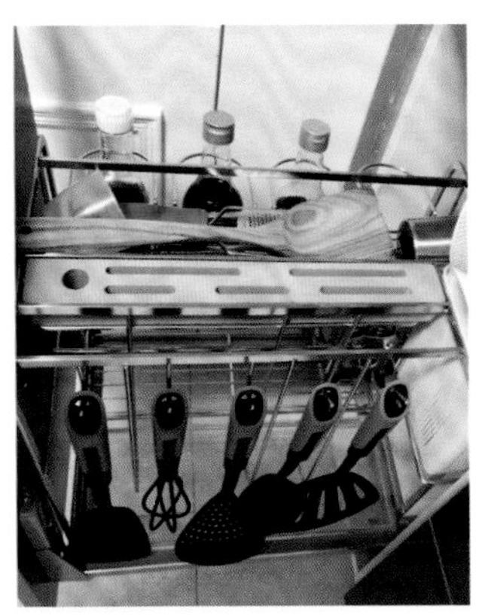

↑侧边柜多功能拉篮

↑吸盘挂架+多功能挂杆

↑多功能挂架

（3）调料类：在烹饪中，通常右手拿汤勺、锅铲等炊具，左手取调料并掌控用量，因此调料宜放在炉灶左侧，方便顺手拿取，如放置在地柜的上层小抽屉中。

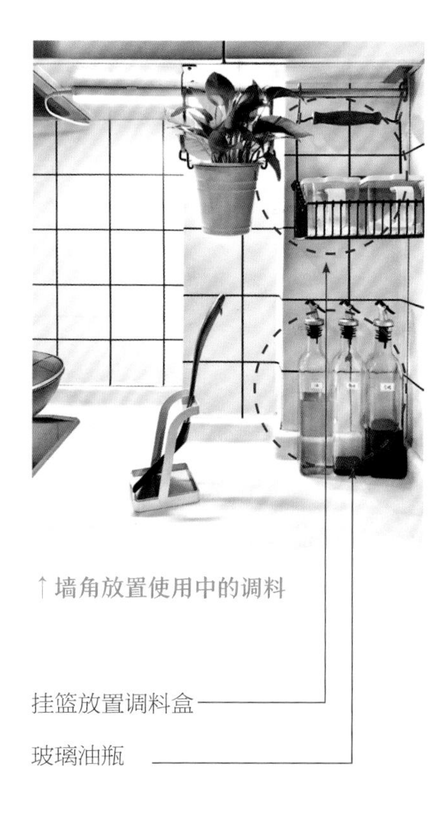

↑墙角放置使用中的调料

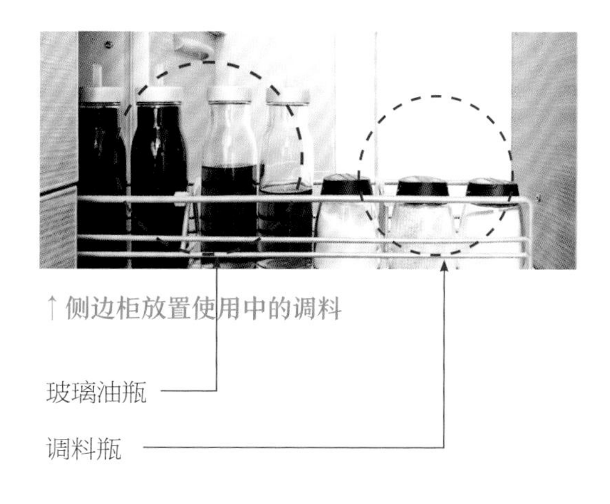

↑侧边柜放置使用中的调料

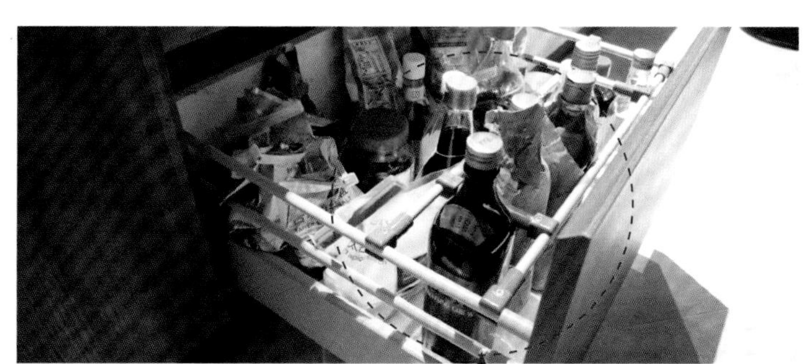

↑地柜抽屉放置备用调料

↑侧边柜放置备用调料

2. 餐具收纳要点

（1）常用餐具：碗具、盘具、筷子、勺子、刀叉等，一般放在水池、洗碗机、消毒柜附近，最好在水池与炉灶之间，同时兼顾清洁和烹饪操作，要放置在便于伸手取放的高度，如地柜中上部。

↑利用水池上方的置物搁板　↑利用地柜内的拉篮　↑利用地柜抽屉及碗架

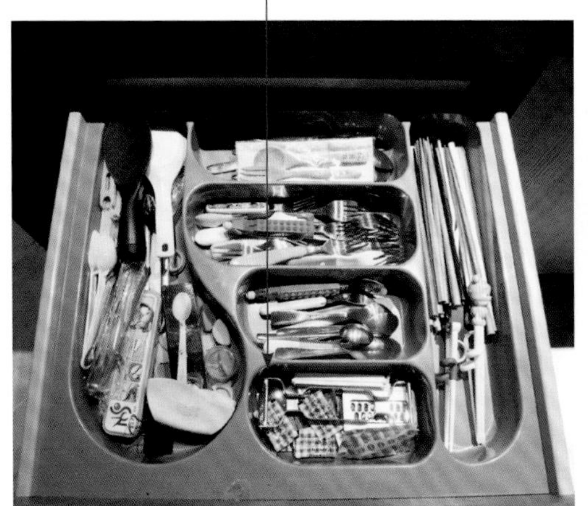

↑抽屉内放置收纳模具

↑抽屉内放置板材隔断

（2）不常用餐具：可放置在远处柜子内或吊柜、高柜上层。

↑放置在吊柜内

↑放置在远处柜子内或高柜上层

厨房餐具的收纳应以实用性和美观性为原则。

在实用性方面，易显杂乱的餐具应隐蔽或半隐蔽性收纳，如放置于抽屉中，可以采用透明或半透明柜门。

↑木质餐边柜门

↑厨房收纳柜抽屉

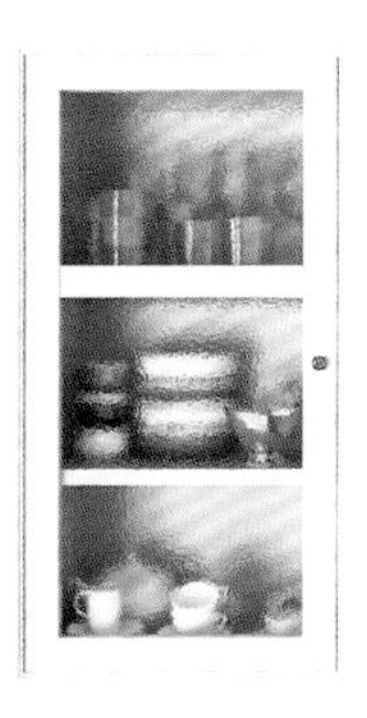

←半透明磨砂玻璃柜门

在美观性方面，具有装饰、展示功能的餐具储物柜应采用无门或玻璃柜门。

↑开放式无门格子柜

↑玻璃门餐边柜

二、厨房活动操作动线

以复合厨房为例，厨房烹饪、进餐及清洁流程如下：

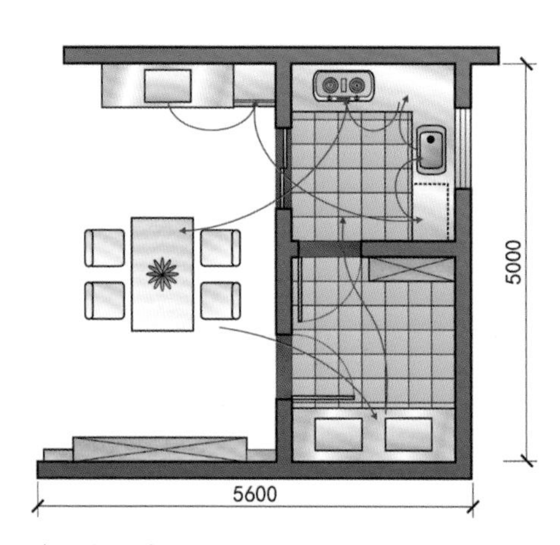

↑准备与烹饪阶段活动路线

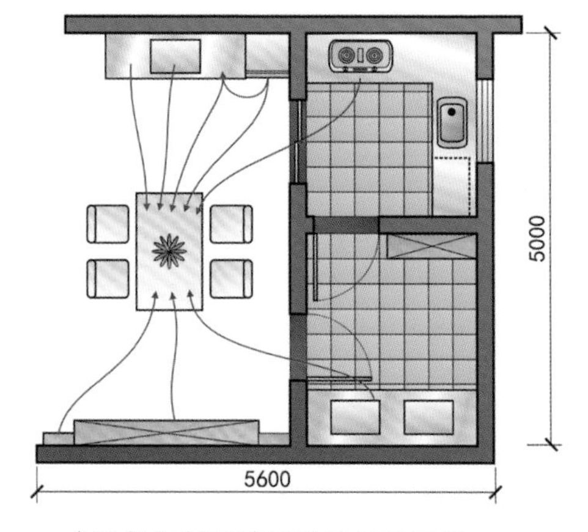

↑进餐与餐后清洁阶段活动路线

厨房潜在动线应当合理，这样收纳整理起来就会很轻松，也有利于保持厨房整洁。取→洗→切→炒→盛，这是一系列连贯的烹饪动作，不应反复交叉活动，否则会显得十分混乱。

每天都用的碗具、盘具、筷子、勺、刀叉等餐具，应当就近收纳到餐桌旁的餐边柜或橱柜中，方便就餐时取用。

厨房家具布置

一、人在厨房的活动与柜体收纳

1. 分区收纳方便取放

根据人体动作行为特征，可以将柜体高度划分为上部、中部、下部三个区域。

（1）上部高度：1850 mm以上。不易取放物品，取放物品时需要站在凳子或梯子上，可以放置质量轻且不常用的物品。

（2）中部高度：750 ~ 1850 mm。这是人上肢活动的主要范围和最易看到的区域，存取物品方便，使用频率高。

（3）下部高度：750 mm以下。这是人弯腰或蹲下时手部活动区域，站立时存取不便，必须弯腰或蹲下操作，主要用于存放较重或不常用的物品。

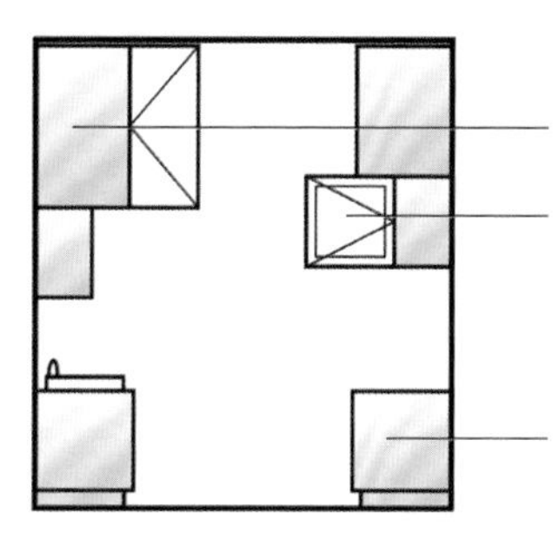

1850 mm以上，放置不常用且形体较大的物品。

750 ~ 1850 mm，放置使用频率高的物品，如收纳盒、小电器、调料、餐具。

750 mm以下，放置使用频率高且较重的物品，如垃圾箱、粮食等。

↑收纳物品关系示意图

2. 储物柜门类型与适用性

储物柜门类型的选择依据是开启的使用频率和橱柜的形体结构，同时要保证板材的平整性，避免因柜门面积过大而发生变形。

储物柜门类型与适用性

橱柜开启形式	上开门	无门	拉门	平推门	玻璃门	抽屉
图示						
1850 mm以上的高柜	×	×	◎	○	△	×
750～1850 mm的中柜	◎	○	◎	○	◎	×
750 mm以下的低柜	×	×	◎	○	×	◎
适合高度	适合超过头顶的高度	适合较易取物的高度	适合所有高度	适合所有高度	适合中部柜高度	适合在1300mm以下的高度
优缺点	柜门可较大，开门操作较为省力	具有展示性，取物方便，但易落灰，易受污染	中部柜门宽度过大会造成开门不便	滑轨易磨损，柜内物品一半被柜门遮挡	具有展示性，但易碎	内侧收纳空间较深，分隔灵活，制作成本高

注：◎表示最合适，○表示合适，△表示尽量避开，×表示不合适。

二、收纳空间基本尺寸

厨房收纳空间尺寸应根据人体尺度、活动范围、设备尺寸确定。

1. 操作台

位置：位于地柜与吊柜之间。

尺寸：台面深度为600 mm左右，能满足大多数水槽与灶具安装要求，小面积厨房台面最小深度为520 mm。

收纳物品：在视线范围内，最容易取放，可以放置使用频率最高的物品，如日常使用的碗、碟、盘等餐具，以及调料瓶、料理机、电热水壶等小型电器。

备注：在墙面增加搁板、挂架等收纳器物，能提升常用物品的收纳量。

←典型的二字形厨房操作台1

二字形厨房有两个操作台，且都靠着墙壁，将水池与炉灶放在同一个操作台上，这样可以保证烹饪过程的连续性。

将做好的饭菜、清洗干净的水果等放置在另一侧操作台上，煮饭烧水等操作也在这里进行。增加的独立操作台使厨房不显得拥挤，储物柜能满足多种物品的收纳需求。

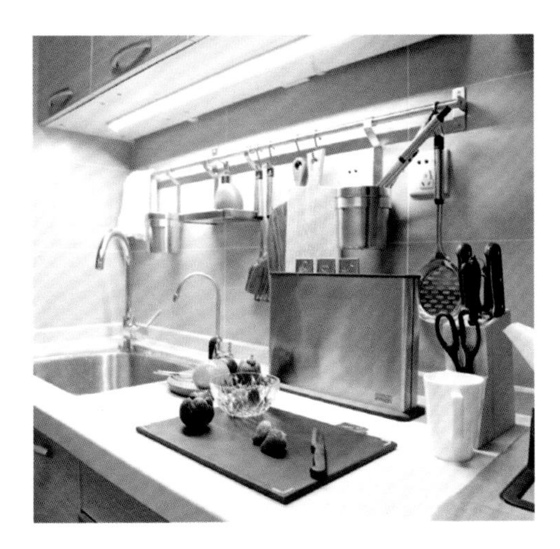

↑典型的二字形厨房操作台2

将切菜操作区设计在橱柜台面中央，水池与炉灶在切菜操作区两侧，对应的墙面上安装置物架，将常用物品挂上墙，保持台面干净整洁。在吊柜下方安装触控灯，能保证操作时光线充足。

↑隐藏式收纳展示示例

将操作台与高柜巧妙结合，将操作台的延伸部位设计为双层，大幅度增加了收纳量。将不常用的物品隐藏在里面，既不会过多占用空间，也不影响美观。

2. 地柜

位置：位于操作台下方。

尺寸：由操作台的高、宽度决定，台面深度尺寸为600 mm，根据需要可加深至750 mm。柜体分隔受炉灶、水池、厨房内径、加工模数影响，常见的地柜抽屉、柜门分隔宽度为400mm（抽屉或单开柜门）与800 mm（双开柜门），650 mm（普通抽屉）与950 mm（大抽屉）。

收纳物品：较大、较重、易碎、使用频率较高的物品，如锅、餐具、干质粮食、洗洁剂、桶、盆等。

备注：通常深度为700 mm和600 mm，如果收纳量相当，600 mm深的柜子在宽度上就可以省出空间。上部柜可以根据操作者的身高进一步调整高度，不能碰头，从而提高收纳量与使用效率。

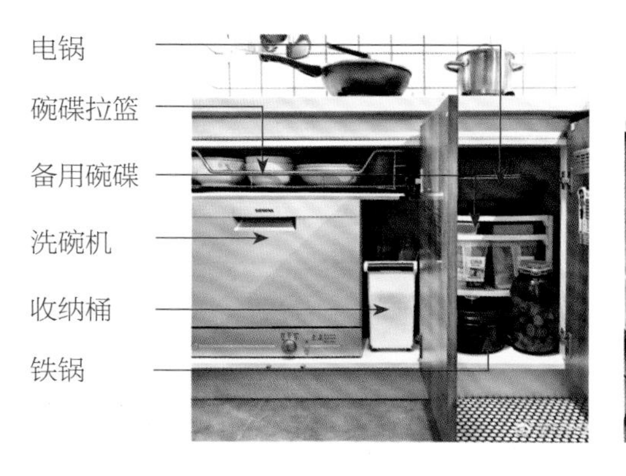

↑灶台下地柜收纳展示

地柜空间安装了洗碗机，剩余空间放置收纳桶。为了进一步增加储物空间，安装了碗碟拉篮，一些常用的碗盘都可以置入其中。

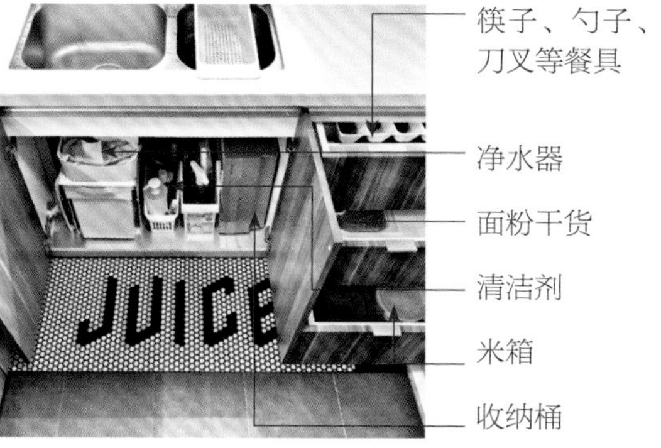

↑水池下地柜收纳展示1

水池下的地柜除了能安装净水器，还可以收纳其他物品，如洗洁剂、锅具等。抽屉可以采用分隔板或收纳盒等物件分隔，能轻松对所有储存物品进行分类存储。

→水池下地柜收纳展示2

现代厨房很多都会安装直饮净水器与垃圾处理器，这些设备通常安装在水池下方的地柜内。

3. 吊柜

位置：位于操作台上方。

尺寸：地柜深度为600 mm，吊柜深度以280~330 mm为宜，吊柜深度可随着地柜的深度加大而适当增加，吊柜门扇宽度不宜过大，以400 mm左右为宜。

收纳物品：吊柜上层处于不易取物的高度，主要放置不常用且质轻的物品，如备用餐具、干货等，不宜放置易碎、较重、较大的物品，如电器设备、玻璃容器等；吊柜下层可以放置使用频率较高的、较轻的物品，如调味品、副食等。

备注：不同高度吊柜的开门形式与尺寸要独立设计。固定吊柜应在墙面或楼板上钻孔，钉入膨胀栓，采用螺钉与五金连接件将吊柜固定在墙面上。

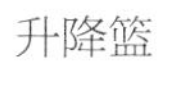

↑吊柜上层升降篮展示

各种调料

玻璃杯

小型电器

↑吊柜下层收纳展示

吊柜中较高区域通常使用率非常低，这是一种浪费。安装升降篮可以充分利用吊柜空间，避免了登高取物的危险，尤其适合有老人、孩子的家庭使用。

日常使用的小电器与调料可以存放在吊柜下层，方便拿取。

（a）局部安装吊柜

（b）冰箱上方安装吊柜

↑ 吊柜展示示例

吊柜设计应充分考虑厨房空间与设计要求，可以通过靠墙设计部分吊柜来满足基本收纳需求。

4. 高柜

位置：在厨房端部或转角处设计高柜，占用一定台面，高度在1850 mm以上，为顶天立地的柜体。

尺寸：尺度较自由，宽度尺寸根据柜体组合而定，当高柜与操作台柜融合为一体时，深度通常与地柜统一为600 mm。

收纳物品：柜体中部空间开阔，上部可以放置不常用且质轻的物品，中下部可设计抽屉或收纳较大电器（如微波炉、电饭煲、料理机等）的格子。

备注：高柜分隔应考虑实际需要，如在中部范围内可分隔小格，较高或较低处可分隔大格。

↑ 与操作台柜体相连接的高柜

将高柜与操作台组合，充分利用厨房的转角空间，将不太常用的物品都收纳进来，既节约空间，又使厨房显得整齐利落。

↑ 隔板形式的高柜

高柜的高度应当配合整面墙体尺寸，并且根据使用者的身高来确定，上层放置不常用的小电器，下层收纳常用小电器与其他杂物。

←拉篮形式的高柜

高柜的拉篮规格可以分为：150～200 mm宽侧拉篮；200～400 mm宽多功能柜体拉篮；600～700 mm宽四边篮；800～900 mm宽三边灶台拉篮。

5. 转角柜

位置：L形、U形厨房转角处。

尺寸：进深尺寸与同高度地柜、吊柜相同。

收纳物品：转角处具有大进深空间，可以放置大容器与锅具。

备注：转角部分开关柜门比较烦琐，且转角深处的物品不便拿取，可以利用角部旋转储物架，或采用对开柜门使转角柜体的开口增大，这样方便拿取物品。

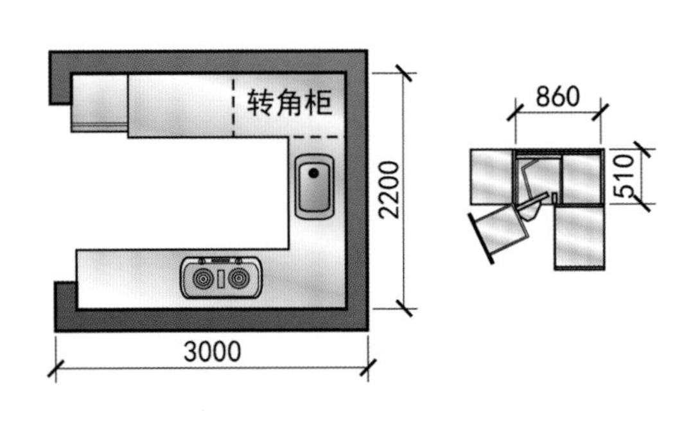

（a）转角柜左开门示意图

（b）收纳展示

↑抽屉拉篮式转角柜

左右开均可，橱柜采用加强型轨道，增强了篮子整体的承重性能，多层设计能有效提升转角空间的利用率和收纳能力，要求该柜内部无包管、无管道。

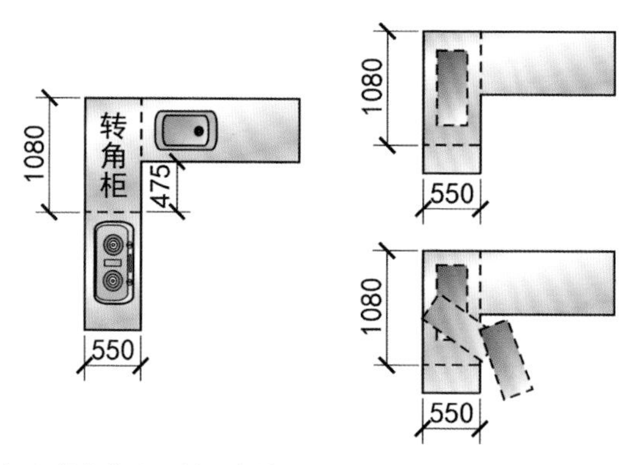

（a）转角柜左开门示意图

（b）收纳展示

↑飞碟拉篮式转角柜

左右开均可，充分利用转角空间，搭配双层设计、高度可调等形式，可以独立拉出，取放物品不受橱柜限制。此外，在开关过程中，不会让厨具相互碰撞或倾倒，能有效保护厨具安全。

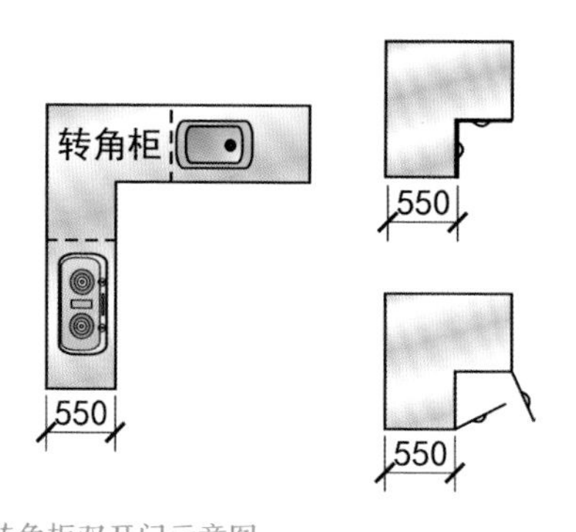

（a）转角柜双开门示意图

（b）收纳展示

↑270° 旋转篮式转角柜

双开门比较方便，打开门板后侧篮体可平滑移出，方便存取物品，拉篮可上下调节高度，以适应不同高度物品的收纳需求，柜子的容量更大。

三、有效利用中部柜

多数上下分离的橱柜会将中部柜划分到上柜中，属于上柜中的下部柜，深度比上部略浅。

错误示例 ×

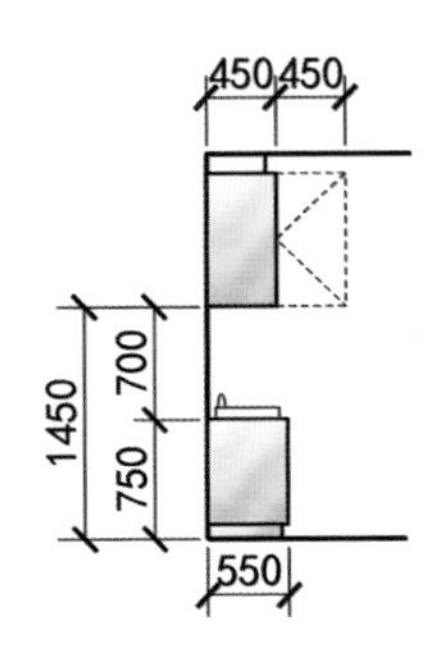

↑较小吊顶与底面

吊顶底面高度尺寸较小时，易造成碰头与视线被遮挡。

正确示例√

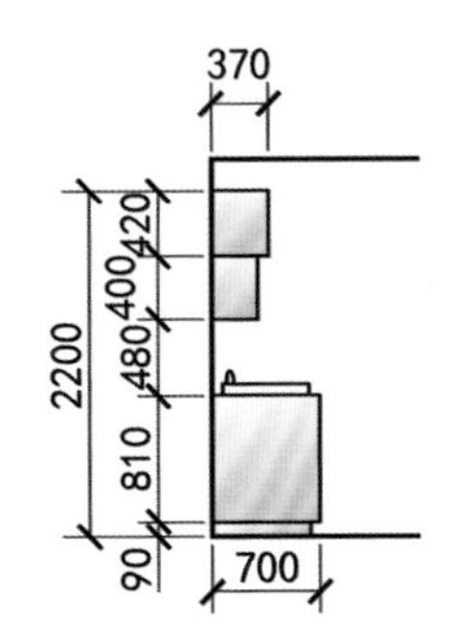

↑较宽台面与底面

台面深度为700 mm时，中部柜底面标高可以降低，能扩大橱柜的储存量。

正确示例√

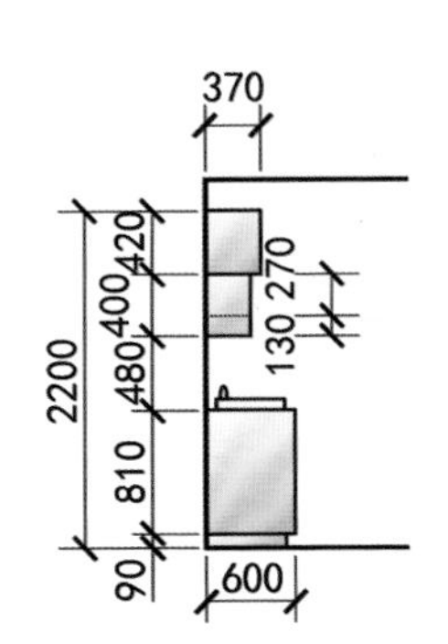

↑较窄台面与底面

台面深度为600 mm时，中部柜底面标高可以升高，避免视线被遮挡或碰头。

错误示例 ×

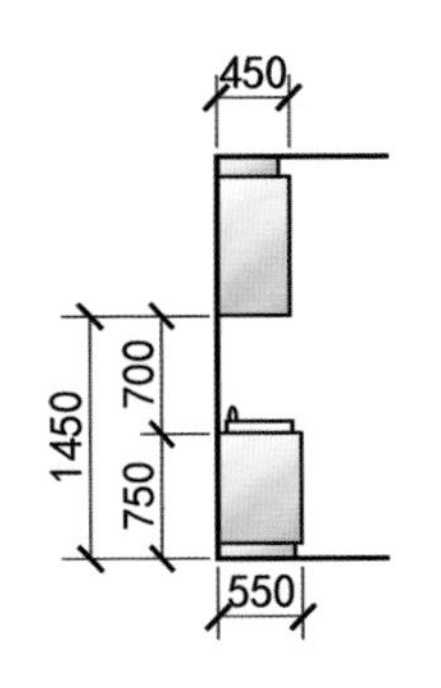

↑上部吊柜门过宽

上部吊柜柜门宽度过大或为玻璃门时，容易被忽略，造成开启时碰头。

正确示例√

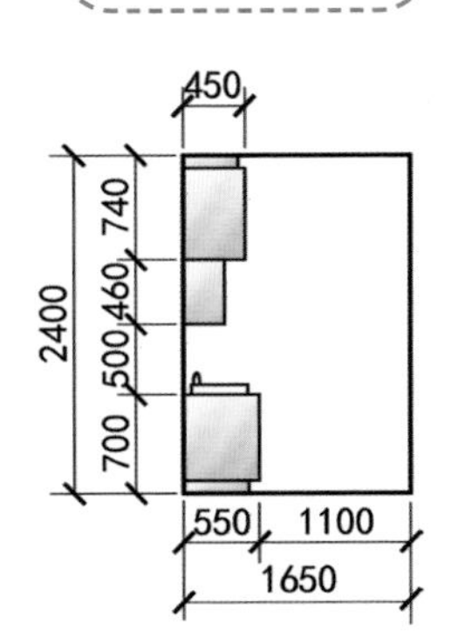

↑单列式布置小内径厨房

当厨房宽度较小时，可以选择安装单列式橱柜。

正确示例√

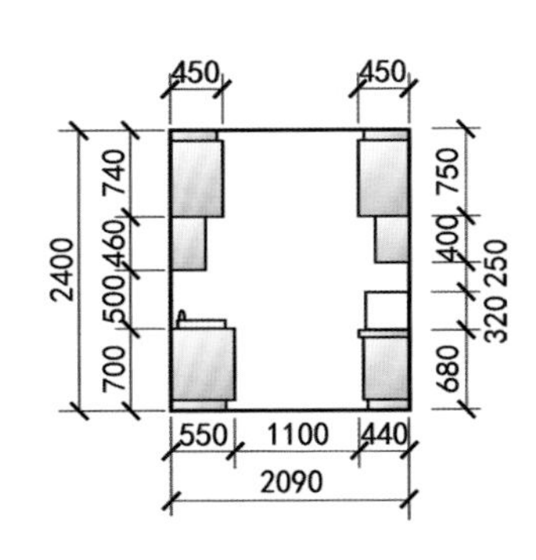

↑二字形布置大内径厨房

当厨房宽度充足时，可以增加一排较窄的台柜。

第四节 厨房收纳设计实例

一、厨房收纳空间分配

选购灶具时，产品包装上会有详细的开孔尺寸说明，根据具体尺寸在橱柜台板上开孔，部分产品还会提供开孔形体模板，对边缘圆角、半径都会给出具体数据。

常见灶具尺寸（mm）

开孔尺寸	外形尺寸
680×350	748×405×150
708×388	760×460×95
674×355	740×430×140
635×350	720×400×100
645×340	710×400×170
635×350	720×400×130

质轻且不常用的物品置于上部柜，取放安全便利。

调料、小型炊具等就近放置或吊挂，随手可取，方便烹饪操作。

200～300 mm推拉窄柜，尺寸设计灵活，能有效利用窄缝空间，用来放置调料、油瓶、砧板等。

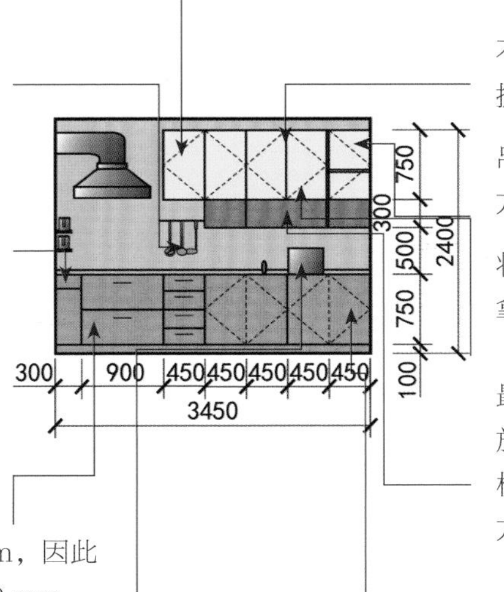

不常用物品储存在上部柜，提供长期、固定储藏。

吊柜门尺寸为300～400 mm，方便开启且不会碰头。

将比较常用的物品置于方便拿取的高度。

最常用的物品置于可随手取放的高度，如餐具架、砧板、抹布等，近水池存放，方便清洁操作。

常见炉灶尺寸为720～750 mm，因此炉灶下部柜尺寸为800～900 mm。

台面可以根据需要放置电饭煲、微波炉、消毒柜等，如果台面长度不够，也可以将其镶嵌至吊柜中。

较重物品储存在下部柜，取放时省力方便。粮食、菜篮等靠近水池放置，便于淘米、洗菜。

↑厨房各个部位收纳设计示意图

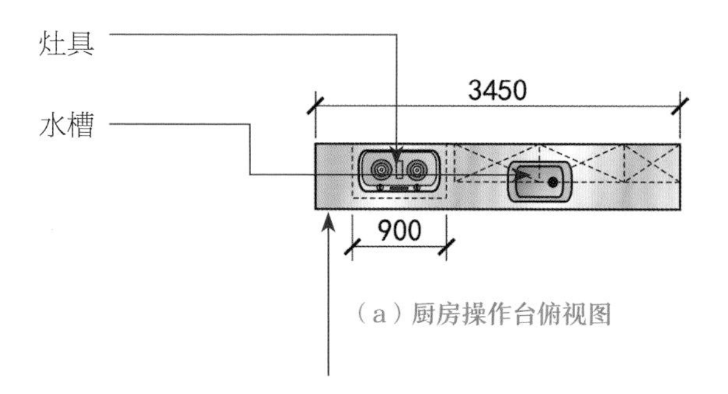

（a）厨房操作台俯视图

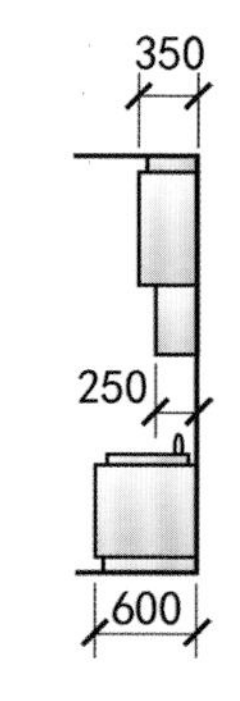

（b）剖面图

单水槽尺寸为600 mm × 450 mm，双水槽尺寸为880 mm × 480 mm或810 mm × 470 mm，三水槽尺寸为970 mm × 480 mm或1030 mm × 500 mm。

↑厨房收纳位置分配示意图

二、橱柜各部位收纳

1. 推拉窄柜、中部柜

厨房中的一些侧边、中间位置若合理利用，也是收纳的良好空间。在这些位置可设计推拉窄柜和中部柜用于收纳。

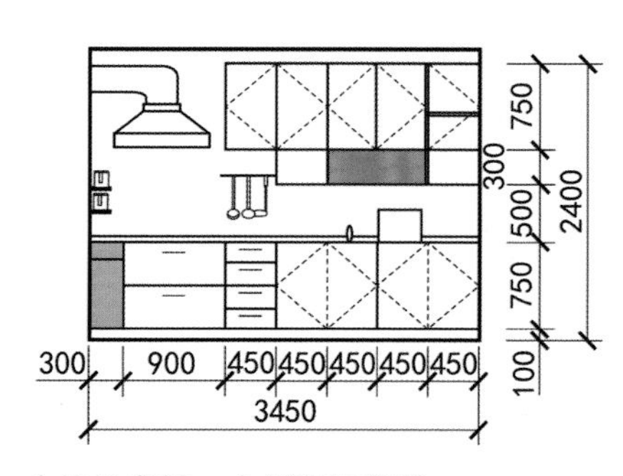

↑推拉窄柜、中部柜示意图

↑推拉窄柜摆放实例1

推拉窄柜采用拉篮五金件，可以悬挂铲子、勺子等，还可以放置筷子、牙签等物品。

↑推拉窄柜摆放实例2

推拉窄柜上层放置小调料罐，中层和下层放置油瓶、调料瓶等。

←中柜摆放实例

位于操作台和吊柜之间，在视线范围与最容易拿取范围内，放置使用频率高且较轻的、易碎的物品，如日常使用的碗、碟、盘等餐具，还有咖啡壶、电热水壶等小电器。

←操作台侧面设置消毒柜

消毒柜除了放置在地柜中外，还可以放置在比较宽阔的操作台台面上。

↑沥水架常用餐具摆放实例

加设中柜能够大幅度提升常用物品的收纳量，中柜里沥水架上放置杯子、盘子等，方便拿取。

2. 抽屉、中部墙面区

厨房内的抽屉是非常实用的收纳空间，中部的墙面则是悬挂常用物品的良好空间。

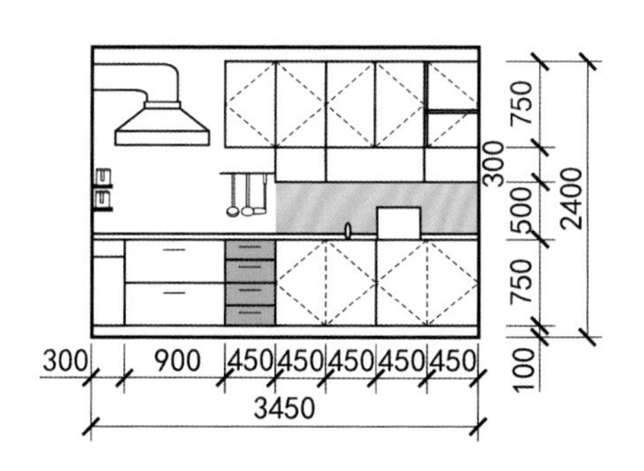

↑厨房抽屉、中部墙面区示意图

↑操作台水池区摆放实例

水池上放置五金架，能收纳砧板，方便切菜，水池后部可以放置多功能沥水架，便于存放筷子、碗盘、刀具等，能随手拿取。

←操作台摆放实例

在水池附近台面与墙面设置架子与挂钩，存放常用小件物品，也可以放置书架，可以一边操作，一边阅读菜谱。

←抽屉较大分隔

收纳较高的物品，如香料罐、烘焙工具、刀叉等。

↑抽屉较小分隔

收纳小物品，如垃圾袋、多功能刨菜器、封口夹等。

3. 吊柜与大抽屉

吊柜与大抽屉则是存放稍大件物品的地方。

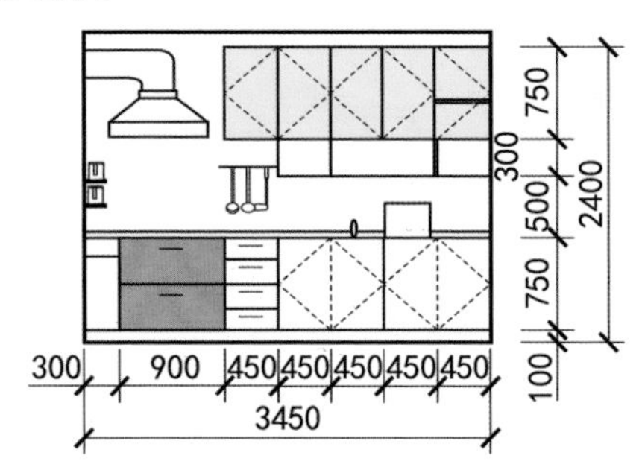

↑厨房吊柜、大型抽屉示意图

↑抽屉分隔实例1

将炉灶下部抽屉分隔，可放置多种锅具。

↑抽屉分隔实例2

在炉灶下部抽屉中安装拉篮，用于放置锅具。

↑抽屉分隔实例3

较高的下部抽屉内可放置碗、汤碗、大盘子、汤勺、筷子等。

←抽屉分隔实例4

抽屉中可放置小件叉子、勺子、筷子、汤碗等。

↑抽屉分隔实例5

西餐刀叉、勺子等可分开放置在抽屉中。

↑抽屉分隔实例6

较浅的下部抽屉可放置碟子、浅口盘等。

↑上部柜收纳实例1

上部柜放置较轻、不易碎、不常用的物品，如干货、备用调料、餐具等。

↑上部柜收纳实例2

上部柜下层可放置备用调料、副食等，能随时取用，上层可收纳泡面、饼干、点心等零食。

4.水池下部柜

水池下部柜中多为水池的排水管道，往往空间浪费很大，可以根据需要安装净水器或拉篮，提高空间利用率。

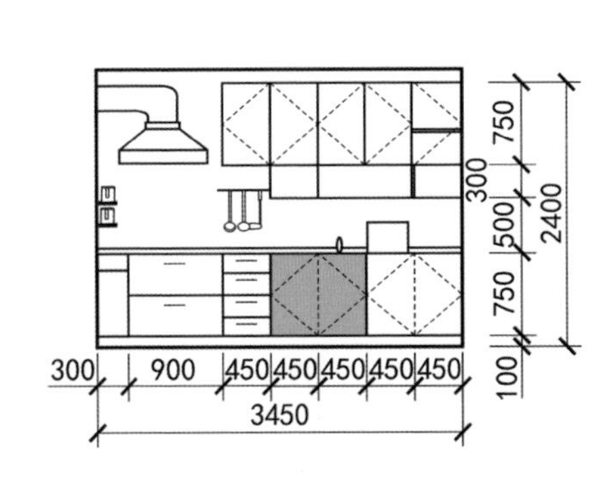

↑厨房水池下部柜示意图

↑水池下部柜收纳实例1

水池下部柜内安装洗碗机，既能节省空间，又方便安装。

↑水池下部柜收纳实例2

水池下部柜设计内嵌式垃圾桶与抹布挂杆，但是内嵌式垃圾桶容易造成柜内异味与柜内物品污染，应当根据实际情况选用。

↑水池下部柜收纳实例3

可以在水池下部柜增加抽屉，能明显提升存储量，提高空间利用率，可用于收纳锅具、抹布、洗碗擦、洗洁剂、刀具等。

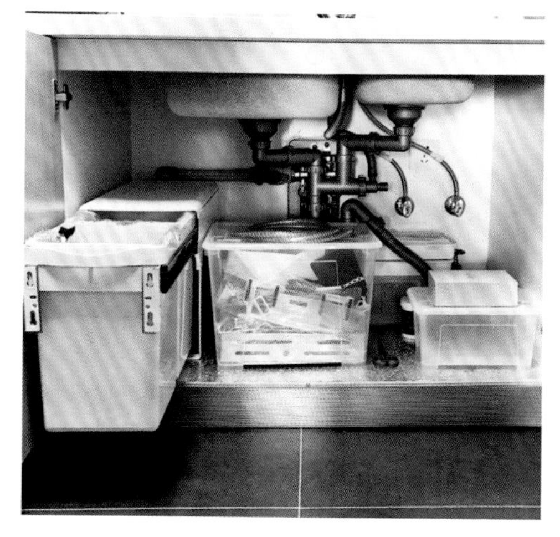

↑水池下部柜收纳实例4

水池下部柜底铺上防潮垫，能防止排水管渗水发霉，推拉式可移动垃圾桶在洗碗时能起到很大作用，同时放置不同规格的塑料收纳盒，防潮效果会更好。

↑水池下部柜收纳实例5

水池下方的下部柜内可设计分隔，放置收纳盒或整理箱，能收纳不同高度的物品。

5. 大型下部柜

大型下部柜是橱柜中的万能柜，设计单层活动搁板，应对不同的收纳需求。

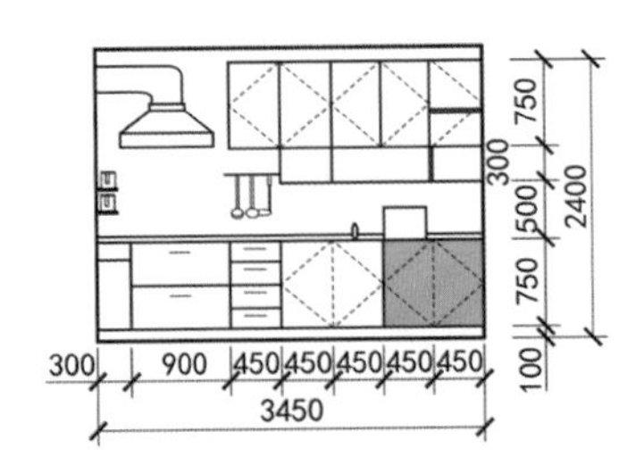

↑厨房大型下部柜示意图

↑大型下部柜收纳实例1

采用伸缩搁板将柜分为上下两层，采用收纳盒对所收纳的物品进行分类，每次取放时就不会凌乱了。

↑大型下部柜收纳实例2

选择窄高型的米桶箱，将空余出来的空间存放瓶装饮用水、啤酒、饮料等。

↑大型下部柜收纳实例3

在高度上按2：3比例分层，上层放置较矮的锅具，下层放置收纳盒，盒内放置锅盖、平底锅等其他杂物，这样柜内就不会显得杂乱了。

↑大型下部柜收纳实例4

下部柜空间分层后，层高仍然有较大高度，因此可以将长时间不用的锅具放置在这里。

第六章

餐厅

重点概念：餐桌收纳，物品分类。

本章导读：餐厅是享受美食的地方。但居住时间久了，餐厅常会显得拥挤，琐碎杂物与美食相伴，用餐时毫无情调可言。本章将介绍餐桌边柜、餐厅边柜等家具的一体化设计细节，优化餐厅布局，通过收纳来改变凌乱的餐厅，保持餐厅的温馨美好。

餐厅空间收纳

一、餐桌收纳

我国住宅的餐厅面积普遍不大，而餐桌面积仅占据餐厅面积的20%左右，通常餐桌上的物品摆放覆盖率会达到40%以上，桌面空无一物的家庭仅为10%，因此在室内空间收纳设计中，餐桌应当有一定的收纳功能。

餐厅中餐桌覆盖率造成的视觉影响

餐桌覆盖率	场景图	视觉影响
20%		凌乱、不整齐，但是能勉强使用
50%		容易凌乱，经过收拾后也不尽如人意，令人心情烦闷
80%		完全没有多余空间，不知如何收拾

餐桌覆盖率的估算方式如下：

$$\text{餐桌覆盖率}=\frac{\text{餐桌物品所占面积}}{\text{餐桌桌面面积}}\%$$

二、餐桌物品分类

每个家庭的生活方式不同，所需物品也会有所区别。所以餐桌上放的不仅是基本日常所用，还会放置各种物品。

餐桌物品分类

分类		物品	收纳要求
吃	常规食品	 水果  菜类  零食  养生药品	放置水果、菜类、零食、养生药品等，根据进一步的细分类别分开放置
	幼儿食品	 奶粉与奶瓶  蒸汽消毒器  辅食工具  宝宝碗勺	有婴幼儿的家庭，会有奶粉、奶瓶、蒸汽消毒器、辅食工具、宝宝碗勺、湿纸巾等物品。为了拿取便利，这些物品多放在餐桌上

续表

分类		物品	收纳要求
喝	饮料	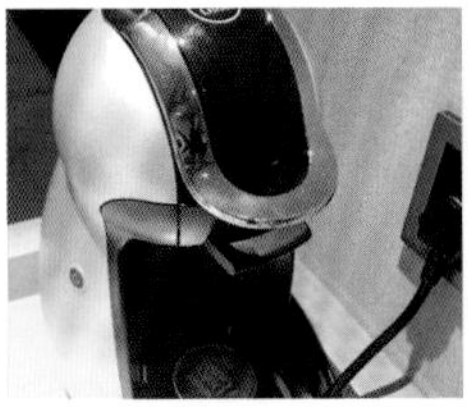 咖啡机 　茶具	如果有饮茶、喝咖啡的习惯，这些物品多会要求集中放置
用	小家电	 微波炉 　电磁炉  电热水壶 　豆浆机	厨房小电器种类繁多，部分小电器会转移到餐桌上，如微波炉、电烤箱、电磁炉、电热水壶、豆浆机等，占据餐桌面积。这些物品可设置专门存放区域
	就餐用具	 隔热垫 　纸巾	用餐时可能会用到的隔热垫、纸巾、牙签盒等，多会放在餐桌上，或放在餐桌边柜上
	其他杂物	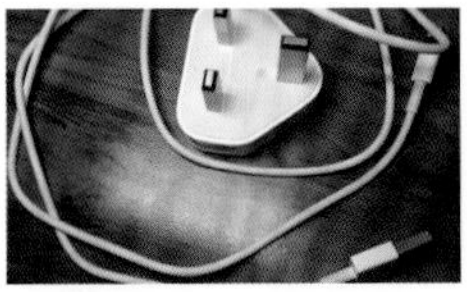 充电器 　充电宝  眼镜 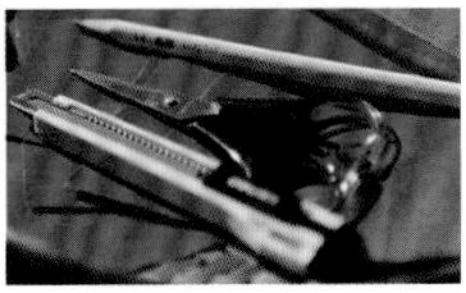　文具杂物	手机充电器、充电宝、眼镜、剪刀、简易文具等，这些小物件多会被随手扔在餐桌上，可设置抽屉存放

第二节 餐厅家具布置

一、餐桌边柜利用

很多家庭里的餐边柜并没有得到有效利用，餐桌上物品依然堆积如山。

错误示例×

←层板餐边柜

柜门打开只有1~2层分隔，而餐厅中最常用的物品多为小尺寸，采用层板收纳容易造成上下堆叠。此外，柜内下层深处看不到内部物品，也不方便拿取，容易因遗忘导致食品过期，造成浪费。

正确示例√

←多抽屉餐边柜

采用抽屉收纳小物品比层板更加便利，配合抽屉内部小分隔板，将物品竖向插入，打开后一目了然，拿取时无须弯腰，大幅提高使用频率，避免食品过期浪费。

错误示例×

←物品拿取不顺手的餐边柜

餐桌与餐边柜虽然距离很近，但每天都会频繁取用常用的物品，很容易在一个部位形成积少成多的堆积状态，或全部集中在餐桌上。

正确示例√

←餐桌边柜

真正使用顺手的餐边柜，应当与餐桌紧邻，餐边柜的台面要比餐桌略高，成为餐桌面的自然延伸。容易拿取物品，高差形成明显界限，能保持餐桌整洁的效果。

二、餐桌边柜与餐厅边柜设计实例

餐桌边柜是餐厅边柜的延伸与辅助。餐桌边柜的深度较浅，适用于短期存放食品。餐厅边柜深度与书柜相当，适用于饰品展示或长期储物。

→餐厅收纳平面布置图（A＋B双餐柜设计）

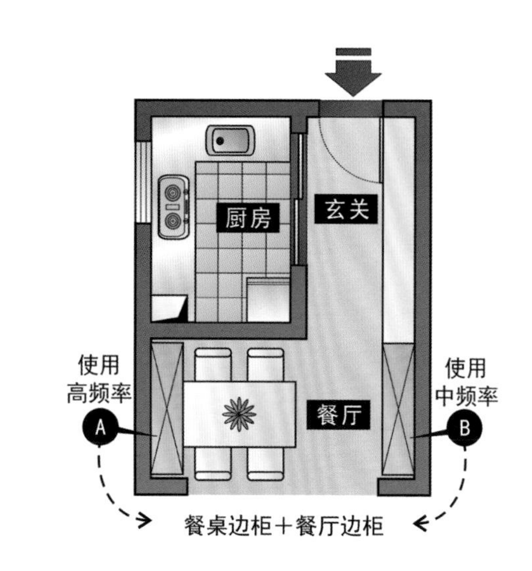

餐桌边柜A的设计深度通常为200～250 mm，适合放置使用频率高的小物品，如纸巾、零食等，既有储物功能，又有展示功能。餐厅边柜B的设计深度通常为300～400 mm，墙面预留插座，可放置微波炉、电水壶等小家电。餐桌边柜A与餐厅边柜B均为整体入墙式设计，高度在2400 mm以上，整个餐厅并没有压迫感，柜体显得轻盈，空间自然、和谐。

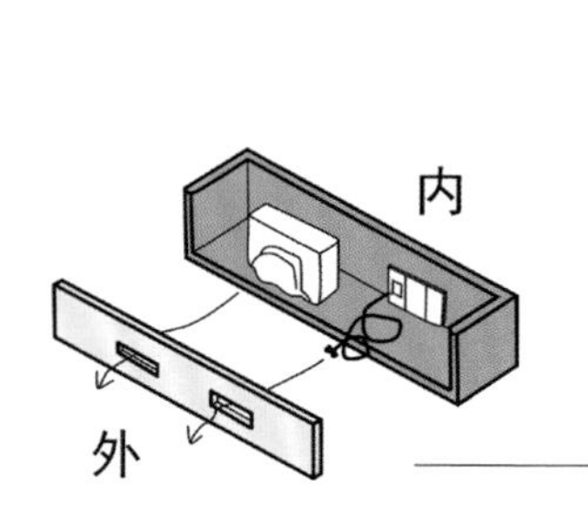

→餐桌边柜收纳设计效果图

在紧邻餐桌的柜体中设计储物格，并在其表面预留两个洞口。一个用来放抽纸，用餐时使用；另一个用来连接充电线，方便手机充电或其他电器用电。可以在装饰画框的背后安装灯带，形成装饰照明。由于柜体厚度较薄，且有椅子遮挡不便开启，下部可以不设计柜门，设计成储物格。

↑餐厅边柜收纳设计效果图

柜体宽敞，且有足够空间用于收纳吃、喝、用的物品。

三、餐厅与厨房动态关系

很多热爱生活的年轻人，视烹饪为一项生活乐趣。可是中餐油烟大，全开放式厨房无法得到广泛认可。但传统餐厨布局不利于家庭成员之间的交流。因此要重新定义中式餐厨的人际交流形式，创造各种交流的机会，将封闭式传统餐厨设计为部分开放、部分分离的形式，形成多种功能的空间。

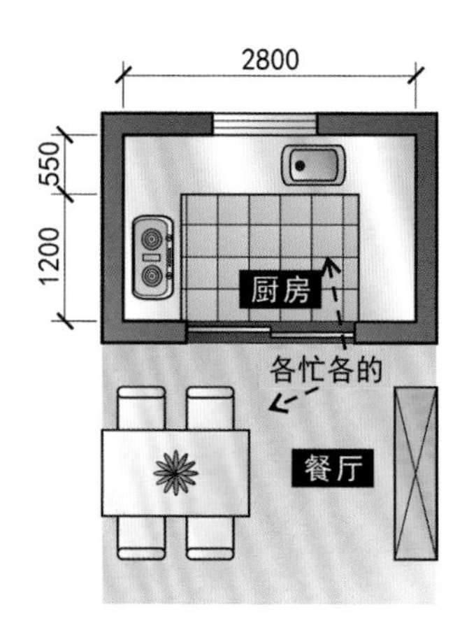

↑传统餐厨布局

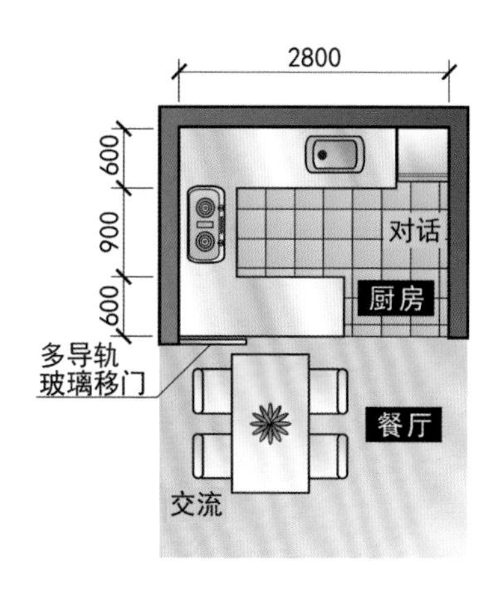

↑现代餐厨布局

虽然餐厅与厨房空间相邻，但是家庭成员之间没有任何交流，常出现一人上网刷剧、一人做饭的情景，这样的相处模式很容易让家庭成员之间保持沉默。

面对面式的橱柜与餐桌设计，将餐桌旋转90°，垂直于橱柜台面，这样的餐厨关系能为家庭成员之间创造更多交流机会，给家庭生活增添温馨感，营造出和谐的氛围。其中玻璃移门还能分离厨房与餐厅，避免油烟进入餐厅。

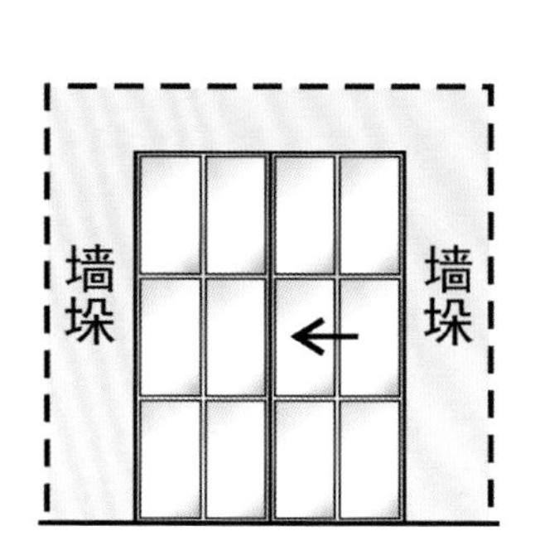

↑传统餐厨推拉门

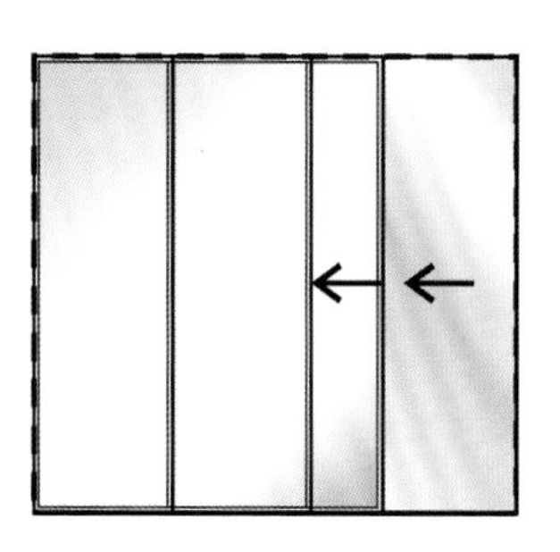

↑现代餐厨推拉门

传统餐厨空间之间会保留墙垛，安装双导轨推拉门，只能打开其中一半，导致空间不能实现完全通透。

采用顶天立地式的全空间推拉门设计，厨房门顶天立地，高至天花吊顶，四周不留墙垛，且不设计地轨，采用吊挂门、超薄门套、不锈钢门扇边框，每扇门都为独立吊轨，平时可以推向一侧，烹饪时可以全部关上。

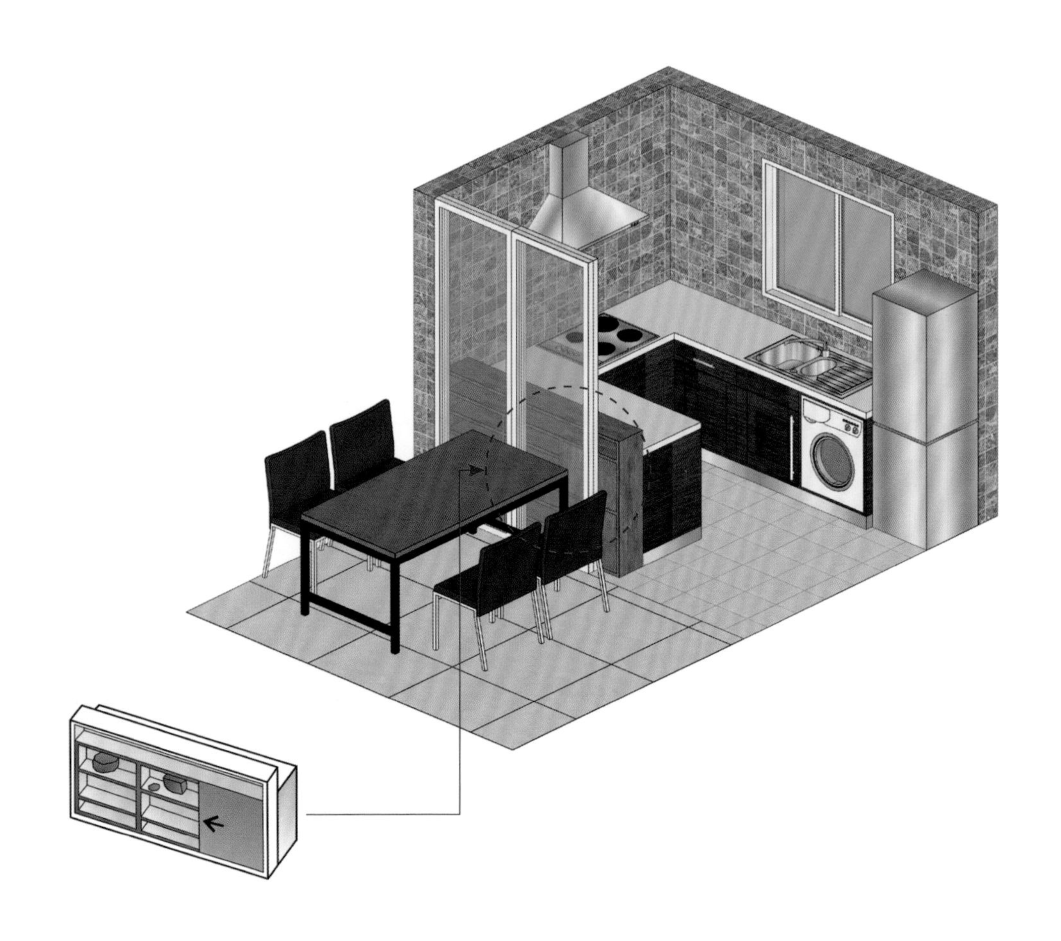

↑ **现代餐厨推拉门示意图**

现代餐厨追求通透一体化，强化餐厅与厨房这两处空间的交流，让两处空间融合为一处空间，能随时分离或合并，适用性很强。橱柜与餐边柜融合为一体，能提高空间的利用率。餐边柜与橱柜紧密排列，或将餐边柜设计成橱柜的一部分，用玻璃推拉门分隔，让厨房推拉门变成餐边柜的柜门。

第三节 餐厅收纳设计要点

一、橱柜与餐桌相邻

橱柜与餐桌相邻能提高就餐效率，在视觉上使餐厅与厨房形成统一，扩大餐厅使用面积。

→橱柜与餐桌紧邻的边柜设计

当橱柜与餐桌紧邻时，橱柜可兼作餐边柜，采用推拉或敞开式柜门，方便拿取物品。厨房台面要比餐桌高出150～200 mm，避免桌面上的物品过多往厨房台面转移。

→橱柜与餐桌紧邻的吧台柜设计

当餐厅面积较大时，可在餐桌与橱柜之间增加一个吧台柜，从而在餐厅与厨房之间增加一个吧台区，闲暇时可以在此品酒或边烹饪边闲聊，享受难得的静谧时光。

二、卡座型餐桌椅

卡座形式比较丰富，如单面卡座、L形卡座、双面卡座、U形卡座、弧形卡座等。一般家庭会选择单面或L形卡座，这两款均可满足空间利用以及实用性需求。

错误示例×

1. 卡座型餐桌椅的特点

（1）节省空间。

↑传统独立式餐桌椅

在小户型餐厅中独立式餐桌椅具有明显缺点，除了考虑餐桌椅本身所占用的空间外，还要预留出隐形走道空间。

正确示例1√

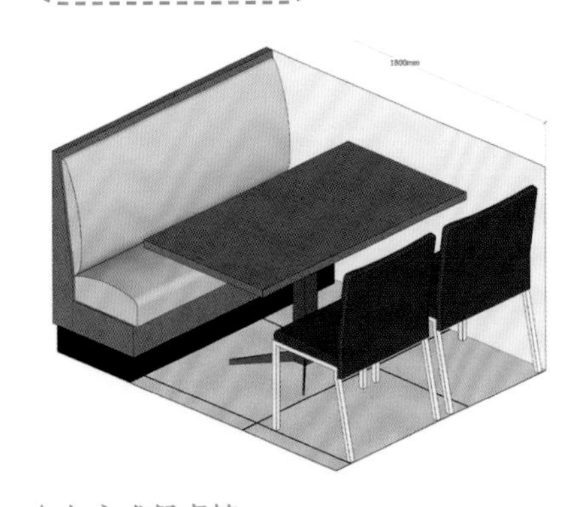

↑卡座式餐桌椅

省去了两把椅子和其与墙面之间的空间，利用有限的空间容纳更多的人。卡座空间的利用率明显提高，特别适合小户型与短窄户型的餐厅。

正确示例2√

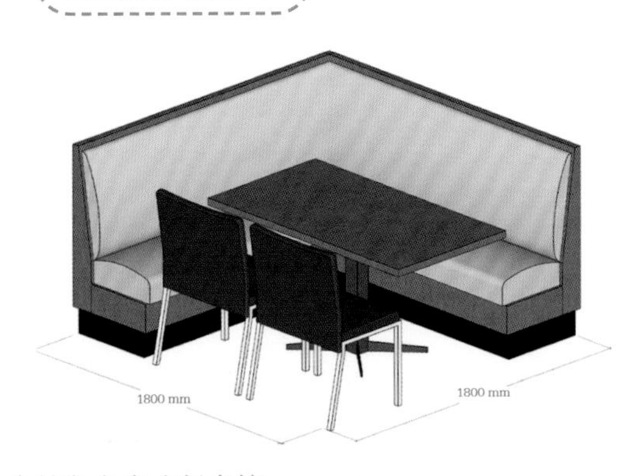

↑转角卡座式餐桌椅

L形转角式沙发给人安定感、依赖感与稳定感。只需要1800 mm×1800 mm的占地面积，就可以轻松坐下5~7人。与孤零零的椅子相比，卡座能让就餐者更安心，拉近彼此间的情感距离。

（2）在舒适度方面，卡座舒适与否，主要取决于以下两处细节：能否斜面靠和是否有“放脚位”。

错误示例× 正确示例√

→垂直靠背（左侧）与斜面靠背（右侧）

在商业餐厅、咖啡厅中，卡座后背直挺挺的，这样设计的本意是希望就餐者坐得不太舒服，能够尽快就餐完毕离开，从而提高餐厅的收益率。

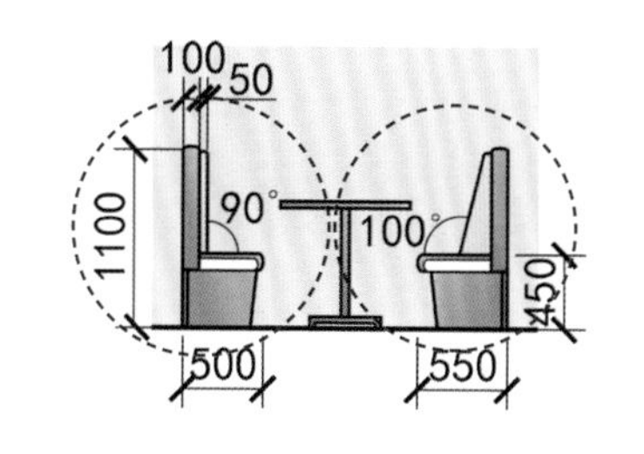

家庭卡座注重的是提高就餐者的舒适度与营造轻松、愉悦的氛围，用木质板材与软包制作斜面会更合适。

错误示例× 正确示例√

→无“放脚位”

在人从坐姿调整为站立这个过程中，需向后并拢双脚用力踩地。如果将底座设计为垂直状且与坐面等宽，人站起时会不舒适；在坐姿状态下，脚后跟不能舒展开。

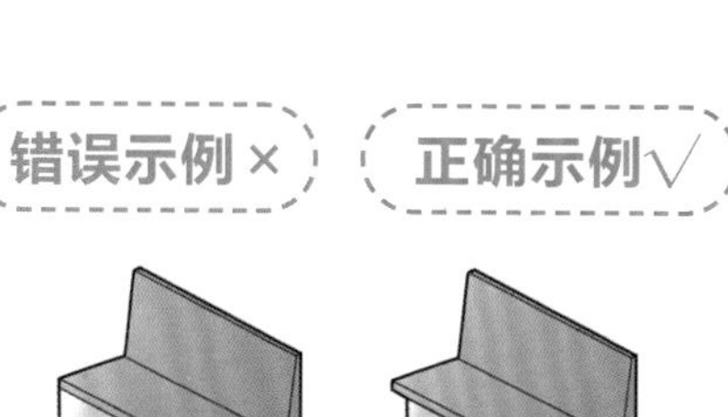

←预留“放脚位”

舒适的卡座设计，坐凳底座应向坐面后缩100 mm左右，预留出舒适的放脚位置。

（3）在收纳功能方面，卡座的下半部分可作为收纳空间，缓解餐厅的储物压力。

错误示例1×

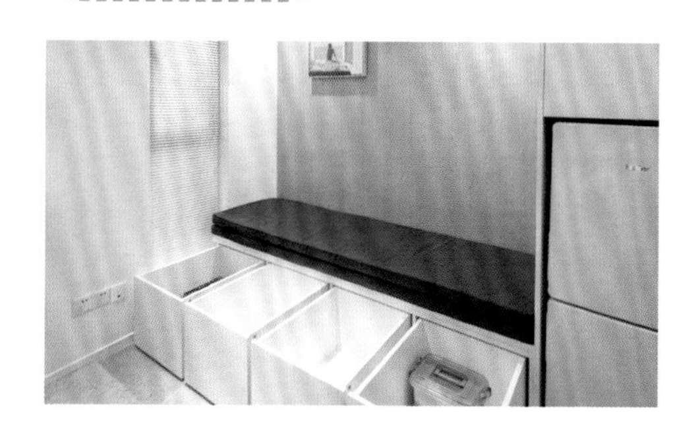

←上翻盖式卡座

在取物时要先移开坐垫，再掀开盖子，最后弯腰拿取物品。此外，卡座下部有500 mm左右的深度，若内部放置各种小物品会形成叠加摞放，容易产生收纳死角，并不适合收纳餐厅中的零碎物品。

错误示例2 ×

↑前开型抽屉式卡座

前开型抽屉式收纳卡座使用起来要比上翻盖式收纳柜体方便很多。拉开抽屉后，内部物品整齐有序。但是如果卡座前方正好是桌子的桌腿，当抽屉拉开时，抽屉容易与桌腿发生磕碰，会造成拿取不便。此外，脚会经常踢碰到抽屉，对抽屉滑轨造成损害。

正确示例√

↑侧开型抽屉式卡座

将抽屉设计在卡座两端的侧面，改变抽屉的开启方向，从前开型改为侧开型，两个短抽屉分开储物，要比集中的整体抽屉更便于收纳琐碎物品。

2. 卡座与餐边柜组合

卡座源于西餐厅紧凑的布局设计形式，能将装饰柜与储物柜相结合，最大化利用餐厅的墙面面积。

→卡座与餐边柜一体化设计

餐厅卡座与餐边柜合二为一，利用一整面餐厅墙打造便捷的就餐空间，除了提供餐桌椅还能获得大容量储物空间。

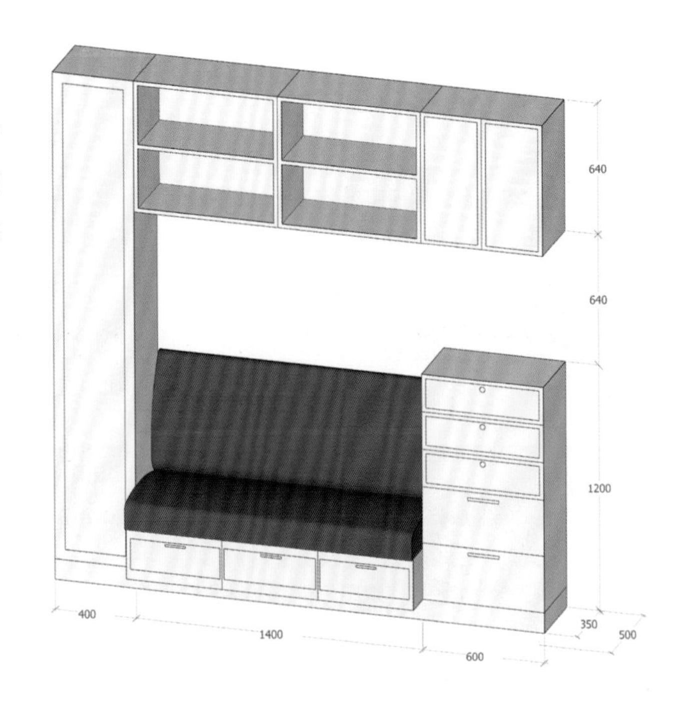

第七章

卫生间

重点概念：卫生间，收纳物品，功能分区。

本章导读：无论是大户型卫生间，还是小户型卫生间，空间都很有限，需要实现大储物、大收纳的目标。如果没有精心考虑与布置，会面临收纳困难、空间杂乱、物品潮湿发霉等问题。以常规的卫生间为例，浴室柜、坐便器上方、壁龛、置物架、收纳挂件等，都能提供很好的收纳空间。本章通过对卫生间收纳空间的分析归纳，确定收纳位置，集中收纳物品，对储物柜进行精细化设计，提出卫生间收纳的最佳方案，提升卫生间的空间利用率。

第一节 卫生间收纳空间

一、收纳需求与收纳空间

卫生间是住宅中的特殊空间，人们对其功能需求不仅满足于如厕，还需要具备洗澡、更衣、洗衣等功能，因此，卫生间应当具备一定的收纳空间。卫生间的空间通常比较小，能够被真正利用的空间非常有限。因此，在设计过程中，应当细致考虑使用者的生活需求，充分利用各种收纳空间来储物。目前，大多数卫生间能够利用的收纳空间有：①洗面盆台面；②洗面盆上方；③洗面盆下方柜体；④坐便器水箱上方；⑤门后；⑥其他边角。

卫生间通常的设计分为干湿不分离型和干湿分离型。

1. 干湿不分离型

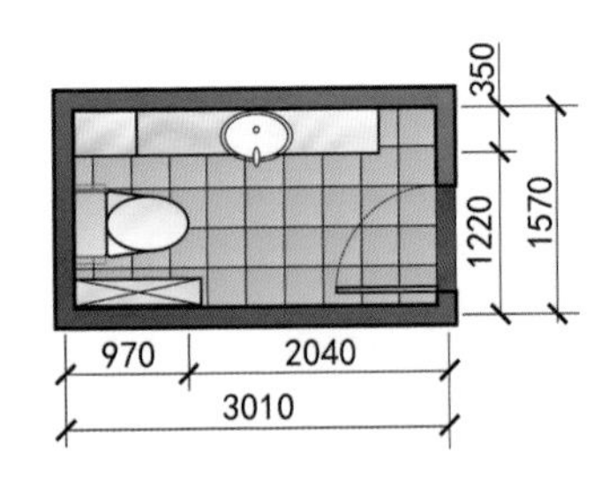

（a）平面布置图

卫生间面积不大，宽度较窄，多采用集中式布局。该卫生间一人使用比较合适，多人同时使用则会感到拥挤。

↑干湿不分离卫生间户型图1

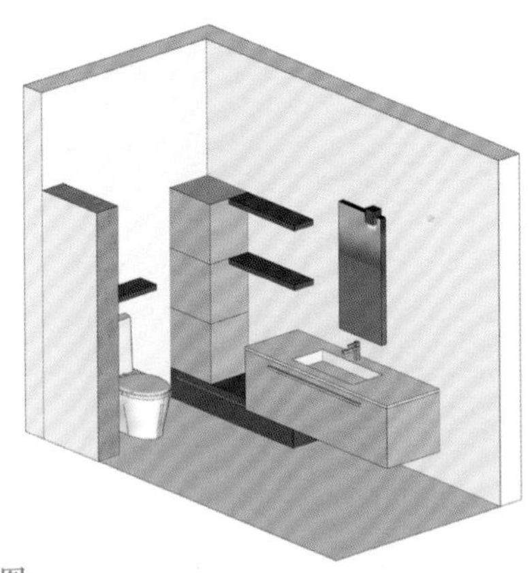

（b）效果图

卫生间内的洁具与家具呈L形布局，合理利用面盆、台面下部空间，坐便器水箱上部空间、靠墙的区域分别设置置物架与储物柜等收纳家具。由于卫生间较小，未进行干湿分离，收纳物品要注意防水。家具宜选用PVC或密封良好的颗粒板，洗面盆台面与台柜宜选用全石材，卫生间门宜采用铝合金材质，因其正对淋浴区，需具有防水功能。

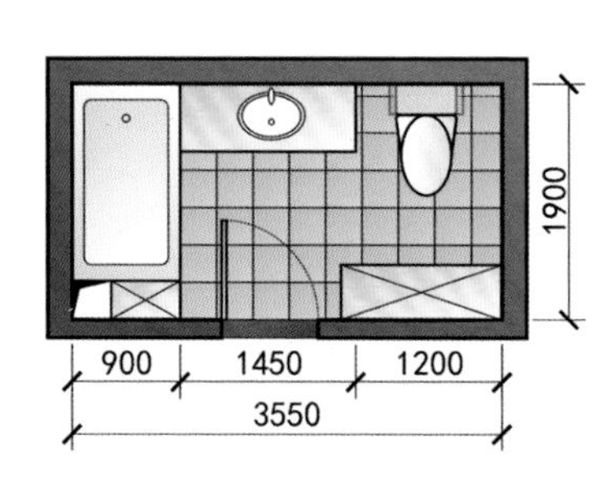

（a）平面布置图

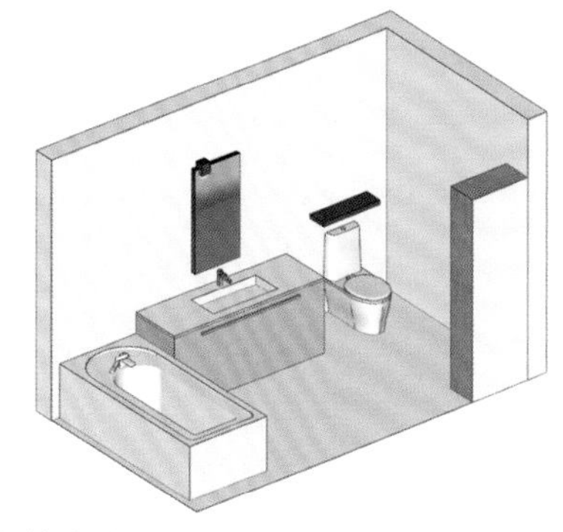

（b）效果图

卫生间为长方形，浴缸位于卫生间门的左侧，门将坐便器、浴室柜、储物柜、浴缸等主要大件有效分隔开来，人的活动空间也增大了。

↑干湿不分离卫生间户型图2

这类卫生间并不缺少收纳空间，可以在门后浴缸旁设置储物柜，门右侧靠墙位置设置独立大储物柜，坐便器水箱上方可以设计置物架，并且在面盆上下方都设置储物柜。多种收纳形式能大大满足卫生间的收纳需求。

2. 干湿分离型

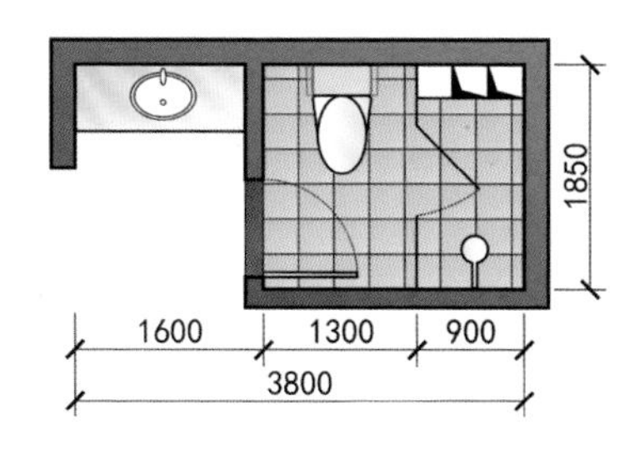

（a）平面布置图

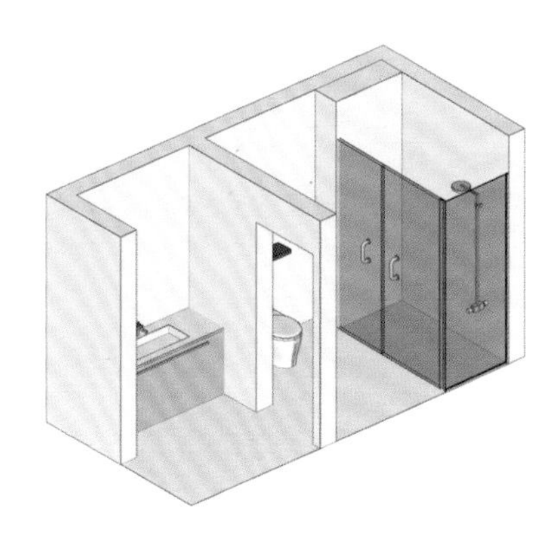

（b）效果图

该户型为洗漱间＋坐便器＋洗浴间，能真正做到彻底干湿分离，且功能分明，各功能区之间保持独立，可供多人同时使用，互不妨碍，这种卫生间布局是目前住宅户型中比较流行的设计形式。

↑干湿分离卫生间户型图1

充分利用洗面盆空间，洗面盆上方可设置镜箱，方便使用并能有效增加收纳量。洗面盆台面能收纳常用的生活用品或装饰品，尽量保持整洁、干爽。洗面盆下方为储物柜落地，或将储物柜悬挂在墙上，这样能腾空位置放洗脸盆、体重计等物品。坐便器水箱上方空间可设置置物架，能收纳各种物品。

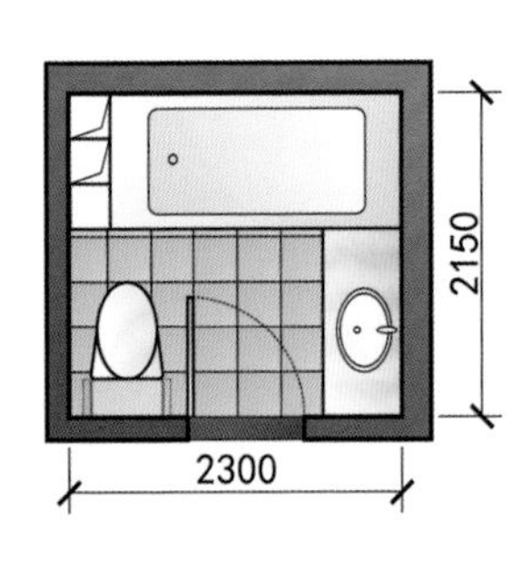

（a）平面布置图

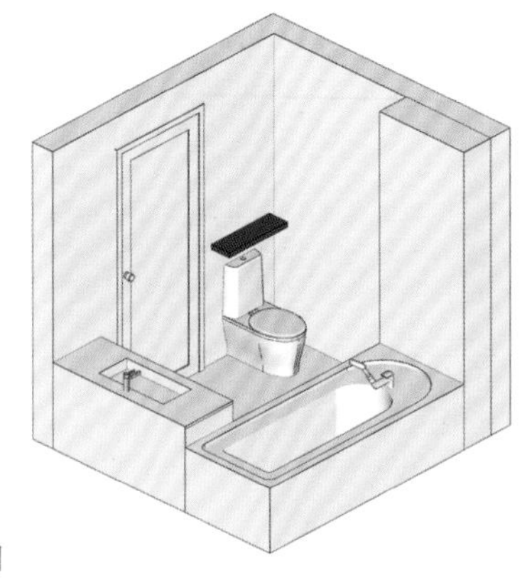

（b）效果图

卫生间空间不大，如果用玻璃隔断进行干湿分区，空间会显得更狭窄，只能用浴帘进行分隔，简单实用又美观。

洗面盆占据了开门右侧的整面墙壁，尺寸更大，台面及上下方空间可以收纳大部分物品。坐便器在左侧门后，具有一定私密性。坐便器上方设置置物架，可以储存一些必要的物品，所处位置隐蔽，空间也不会显得过于杂乱。

↑干湿分离卫生间户型图2

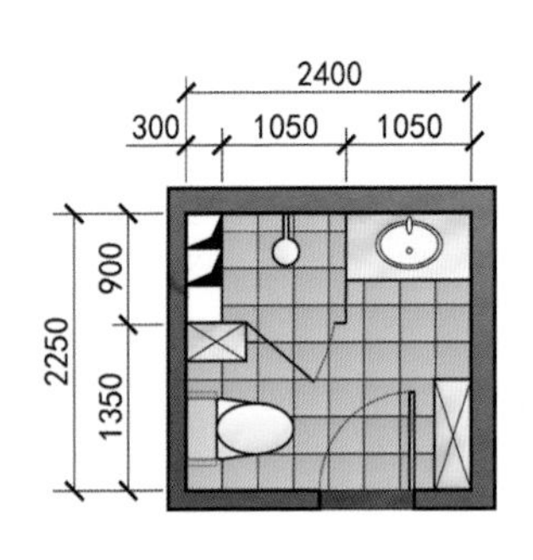

（a）平面布置图

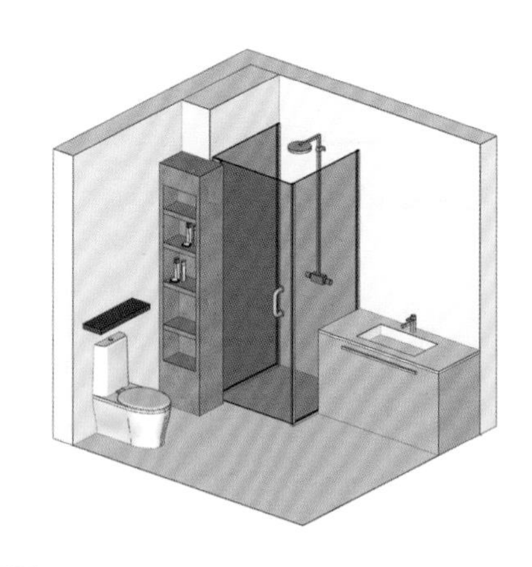

（b）效果图

如果家庭人口多，可以考虑这样的卫生间布局，多人同时使用卫生间也不会造成太大干扰，各分区独立，这对于人口多的大家庭尤为重要。

这种卫生间布局的收纳亮点在于巧妙利用了淋浴间门后的空间，设计与门齐宽的储物柜，当淋浴间门打开后，储物柜被完全遮挡，相当于隐形柜。

↑干湿分离卫生间户型图3

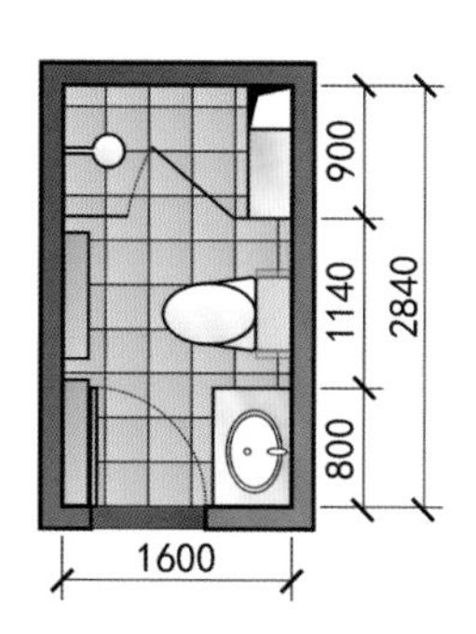

（a）平面布置图

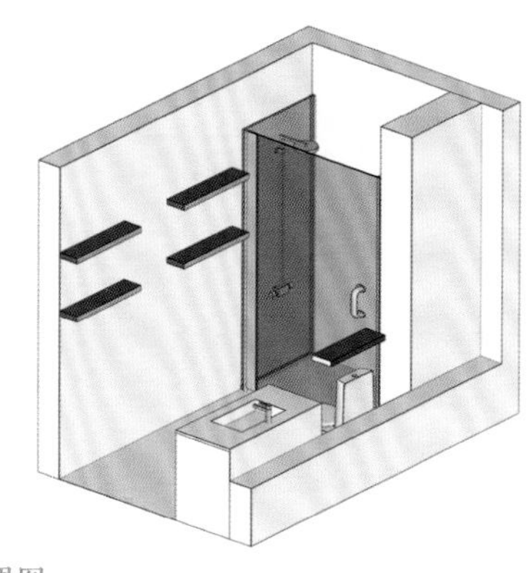

（b）效果图

该卫生间为两区分离，即淋浴间 + 厕所、洗漱间，这类干湿分离的设计形式能将淋浴间与坐便器、洗面台分开。

↑ 干湿分离卫生间户型图4

物品全部沿着设计的墙壁搁板或薄柜摆放，显得空间精致紧凑。收纳柜或收纳架等都在干区，不会因空间潮湿而发霉。收纳空间分别分布在洗面盆的上下方空间、坐便器水箱上方空间、门后空间。

二、卫生间超薄收纳柜隔断

如果卫生间面积小，干湿分区可以采用超薄收纳柜替代墙垛，应考虑防水问题，柜子必须选用防水且质量较好的防潮颗粒板，且封边严密。

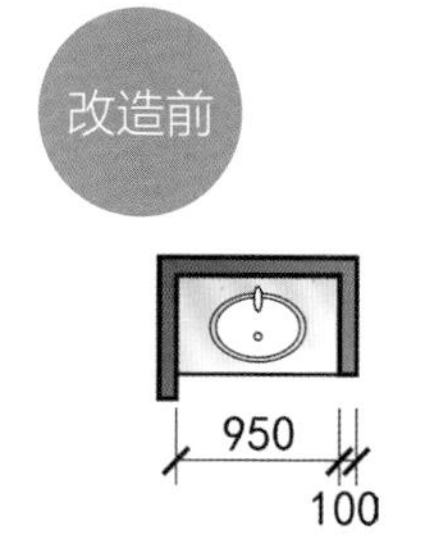

↑ U形干区墙垛隔断图

干区洗面台内嵌在U形墙体内，单侧墙体最小厚度为100 mm。不仅占用了狭小卫生间的空间面积，而且没有任何收纳用途。

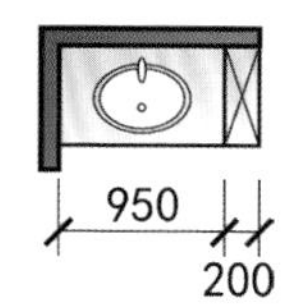

↑ U形干区收纳柜隔断图

如果隔断墙不是建筑承重墙，可以根据实际情况拆除部分墙体，用薄柜替代墙体，在视觉上将入口阻断，同时形成了新的卫生间收纳空间。

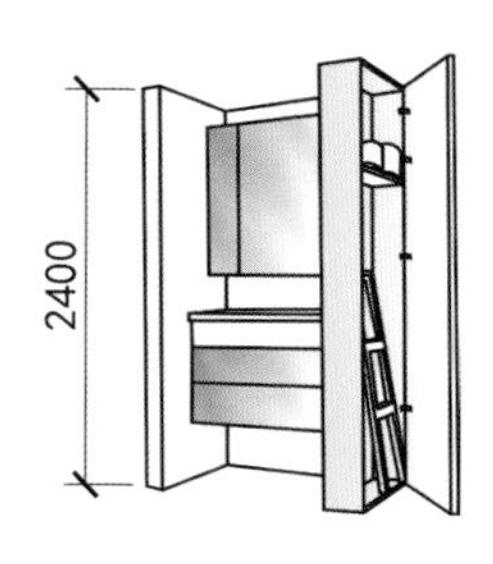

↑ 干区放大效果图

收纳柜最薄厚度为200 mm，打开柜门后，拿取物品简单轻松，并且可以满足卫生间多种备用物品的储存需求，如备用纸巾、备用洗护用品、备用毛巾及其他杂物。

第二节 卫生间收纳物品的分类

一、护肤化妆、洗浴等物品分类

卫生间的物品种类更加繁多，家具的收纳空间划分应当丰富多样。

护肤化妆、洗浴等物品分类

物品	种类	物品示意图	设计要求	实景图
盥洗及化妆用品	护肤品、彩妆用品、牙膏、牙刷、梳子		放置在洗面盆旁的台面上、镜箱内、镜柜格子内、壁挂墙面上等部位，使用频率高	
	吹风机、剃须刀等小电器		放置在插座与镜子旁，能随手取用，在抽屉或镜柜内设计插座，以便使用吹风机、剃须刀等小电器	
沐浴用品	洗发水、沐浴露、香皂等洗护用品		放置在置物架上，方便沐浴时能直接取用	
	浴花、浴帽		放置在淋浴区内，既不易被水溅湿，又能随时取用	

续表

物品	种类	物品示意图	设计要求	实景图
毛巾	常用毛巾与浴巾		挂置在挂毛巾杆上，位于洗面盆旁或在淋浴间附近	
	备用毛巾与浴巾		在卫生间内设计备用毛巾、浴巾收纳位置，要求不会被水溅湿	
衣物	干净衣物		放置在较高的搁架上，或放置在面盆旁高处搁板上	
	换洗衣物		放置在洗衣机旁的篮筐中，衣物较多可以分层存放，区分不同衣物的洁污程度与色彩	

二、清洁与其他物品分类

不建议将清洁用品和其他物品与个人梳妆用品混放，清洁用品和其他物品应收纳在较低或较高的家具中。

清洁与其他物品分类

物品	种类	物品示意图	设计要求	实景图
清洁工具	洁厕剂、消毒水、洗衣液等		放置在儿童不易发现与拿取的部位	
	吸尘器、扫帚、拖把等工具		放置在不易被看见的角落，便于清洁，同时避免来回搬动	
盆类物品	不同用途的水桶与盆子		放置在可伸缩的置物架上，正常视角不可见，架上放置水桶与盆子	
淋浴拖鞋	多人凉拖鞋		放置在距离地面300 mm左右的拖鞋架上，能够沥水且摆放整齐	
卫生纸类物品	单卷手纸		放置在手纸架上，位于坐便器侧前方	

续表

物品	种类	物品示意图	设计要求	实景图
卫生纸类物品	备用手纸，女士、婴儿卫生用品等	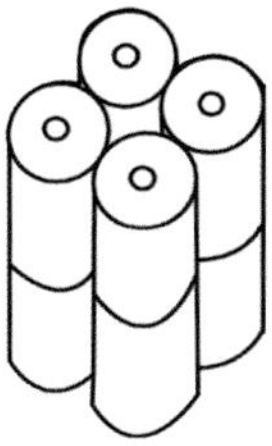	放置在较大的空间中，且带包装存放	 
药品	家庭急救箱及常用药	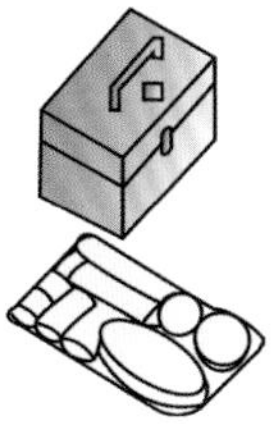	放置在药品或家庭药箱中，药品在箱内应避免受潮，采用内置软隔板将口服药与外用药分开	 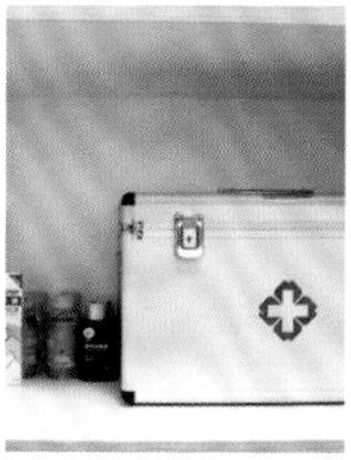
其他杂物	报刊		放置在坐便器附近的报刊架上，方便如厕时阅读	 
	电熨斗、暖水袋等杂物	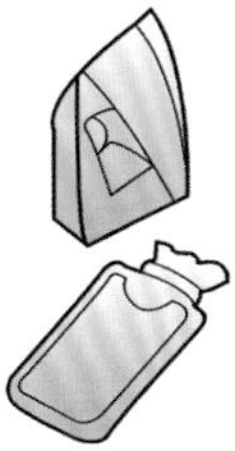	放置在洗衣机旁，方便熨烫衣物，竖向折叠或挂置	
	体重秤	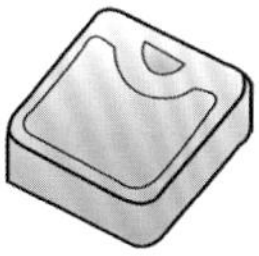	放置在柜子下方的空隙处	

卫生间储物柜尺寸设计

一、卫生间收纳空间按高度分区

根据人在卫生间内的动作行为、使用舒适性，可以将柜体划分为三个区域：

1. 主要区域：高度为650～1850 mm

以人的上肢活动范围为主，是存取物品最方便、使用频率最高、最容易看到的视域，主要放置洗漱用品、护肤用品、化妆用品等。

2. 辅助区域：高度为650 mm以下

人下蹲或弯腰拿取东西的高度范围，在存取物品时会有不便，需要蹲下操作，主要用来放置水桶、大瓶洗涤剂等物品。

3. 备用区域：高度为1850 mm以上

人视域范围之外的高处区域，观察、存取不便，需要借助凳子、梯子等物件登高取物，主要放置较轻的大型物品。

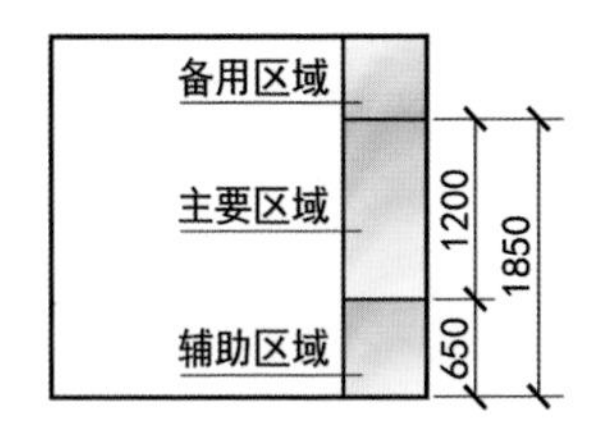

↑柜体高度示意图

二、储物柜分区尺寸

1. 梳妆镜柜离地高度

梳妆镜柜底部离地距离超过1200 mm，就只能照到人的头部，会给人带来视觉压迫感。

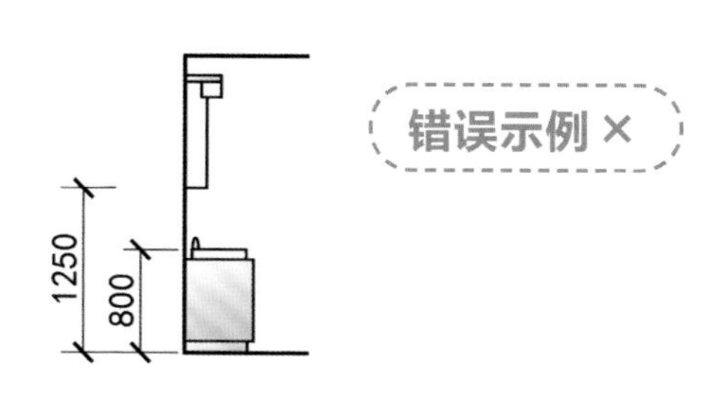

↑梳妆镜柜离地过高

梳妆镜柜底部距离地面高度为1000 mm左右，镜子可以照到人的上半身，较好。

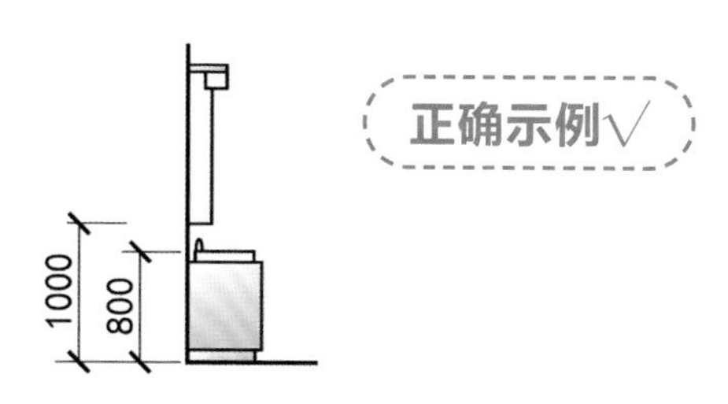

↑梳妆镜柜离地高度合适

2. 面盆上方柜门宽度

如果柜门过宽会造成开启不便，人在拿取物品时需向后退让。

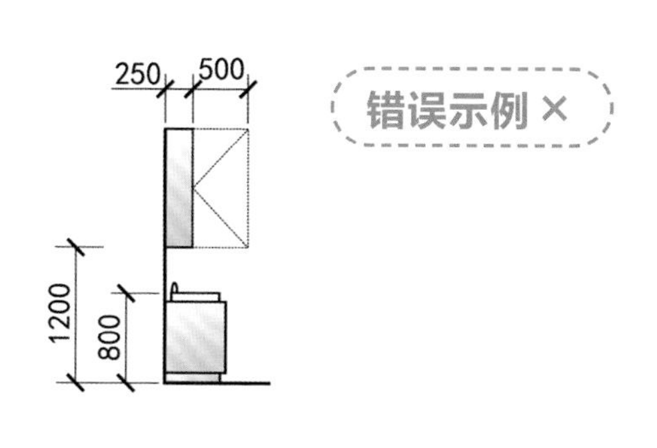

↑柜门过宽

洗面盆上方柜门的宽度不宜过宽，保持在350 mm左右较为合适，也可以设计成推拉柜门。

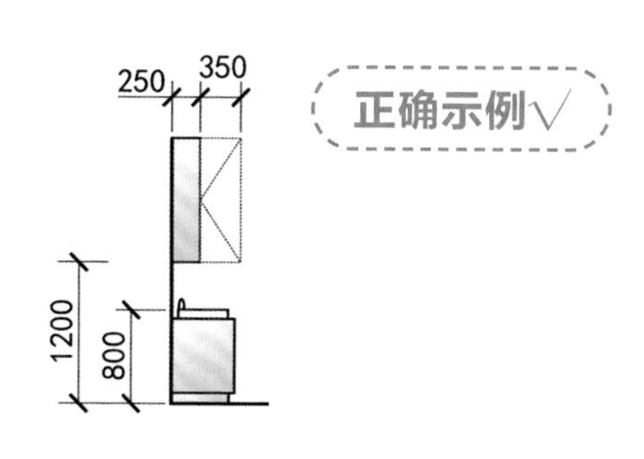

↑柜门宽度合适

3. 水龙头与洗面盆之间的距离

水龙头出水口距离洗面盆边沿不能过近，否则洗手时手会碰触到池壁，造成使用不适，并且水龙头与后面墙面之间的缝隙会产生污垢。

水龙头距离墙面宽度为50 ~ 80 mm为宜，这样洗手时水不容易溅出来。

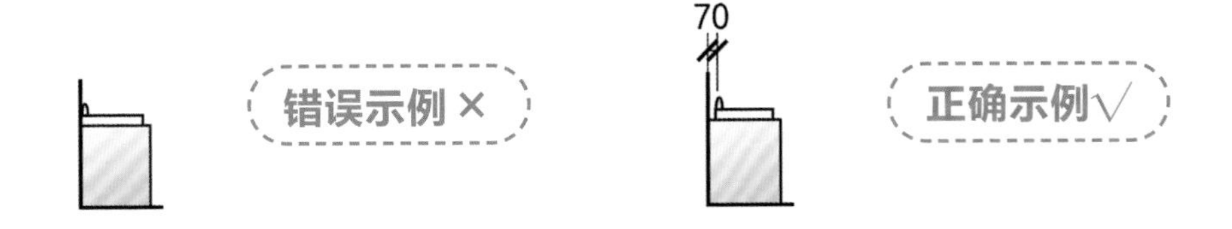

↑水龙头与面盆之间的距离过近

↑水龙头与面盆之间的距离适宜

4. 储物柜分格高度

卫生间内储物柜分格的高度应当根据存放物品尺寸来定，在抬手或下蹲拿取物品时，视线会受到影响，因此顶部与底部的柜格高度应比中间柜格略大。

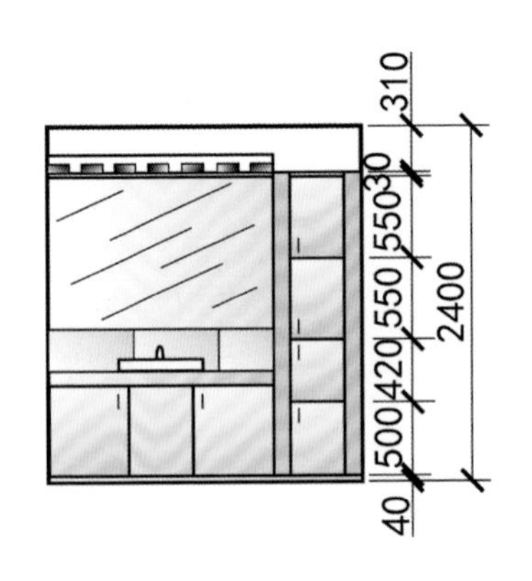

←储物柜分格高度示意图

第四节 卫生间储物柜分区

卫生间内储物柜形式可以根据收纳位置不同分为梳妆镜柜、侧边柜、洗面盆下方储物柜、洗面盆旁台下抽屉等。考虑到使用要求与舒适度，可以对不同形式的储物柜进行系统分析，通过进一步分区来强化储物柜的使用功能。

顶部：顶部区域是指距地高度在1850 mm以上的区域，可以存储较轻且不常用的备用品，如大包卷纸、沐浴露、洗衣液、香皂等囤积物品。

中部：中部区域是指洗面盆台面以上至顶部柜之间的区域，距地高度为800～1850 mm，收纳在该区域的物品使用频率较高，应拿取方便，可以设计镜箱与抽屉等储物空间，用来存放使用频率高的盥洗用品。

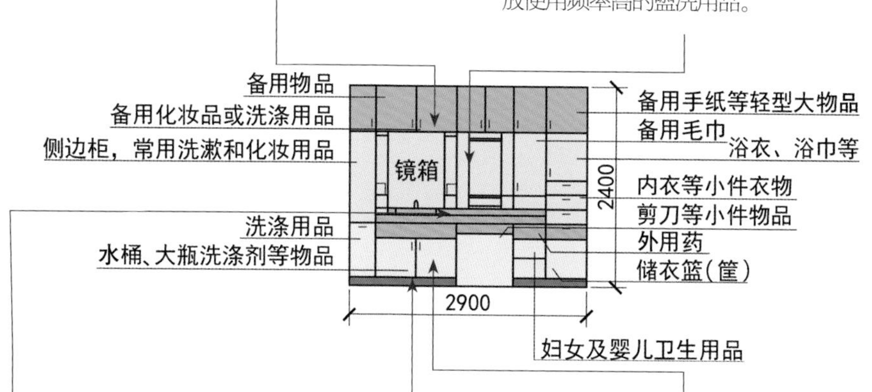

台面与台下：台面与台下区域是指洗面盆的台面与台面以下150～200 mm的区域，这个区域高度适宜，拿取物品方便，可以放置常用的卫生用品及剪刀、指甲刀、外用药等。

下部：下部区域是指洗面台以下至踢脚线之间的区域，高度范围是200～800 mm，拿取物品需要弯腰与下蹲，取物不太方便，可以存放大件物品。洗面盆台面下方设有排水弯管，容易渗漏，可以存放水桶、大瓶洗涤剂等物品，旁边可以设计储物柜和抽屉用于存放备用日常用品或待洗衣物。

底部：底部区域是指踢脚线高度位置，距地面高度约150 mm以内的区域，由于取物不方便，可以放置体重秤、折叠脚凳等耐潮湿或不必弯腰拿取的物品，这样有利于保持柜底清洁卫生。如果卫生间地面经常被溅湿，也不便放置各种物品。除了潮湿，卫生间用水也会污染这些物品。

↑储物柜功能分区

■侧边柜：收纳在洗面盆旁的物品非常方便拿取，此空间用于放置洗漱与化妆用品，既方便拿取，又能增加储藏空间，避免将常用物品堆放在洗面盆台面上造成拥挤的局面。侧边柜的宽度尺寸可以设计为150 mm、300 mm、450 mm等几种。

■梳妆镜柜：梳妆镜一般挂置在洗手台上方的墙面上，梳妆镜面与墙体有100 mm左右的间距可以利用，可以将梳妆镜设计成柜体门板的形式，既能满足梳妆需求，又能增加储藏空间。梳妆镜柜可以设计为一面镜式、两面镜式、三面镜式等，具体梳妆镜柜的造型可以根据卫生间尺寸大小来设计。

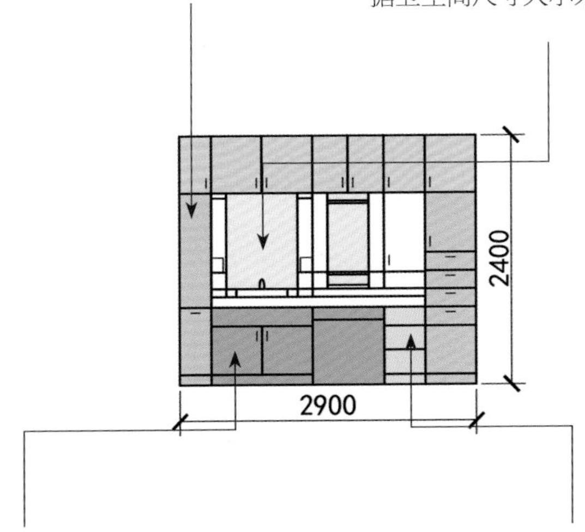

■洗面盆下方储物柜：洗面盆下方是拿取物品比较便捷的空间，但是管道多且易潮湿，可以存放水桶、盆子、大瓶清洁剂等物品，或将管道与储藏空间隔离开，设计成独立的抽屉，还可以设计成灵活的无门储物空间，随意放置活动收纳柜或整理箱。

■洗面盆旁台下抽屉：洗面盆旁台下空间方便存放与拿取物品，同时不潮湿，可以存放毛巾、外用药等。洗手池旁的台下抽屉可以根据台柜高度设计成1～3层。

↑储物柜物品收纳分配

一、梳妆镜柜

在中小户型的卫生间中，梳妆镜柜的适用性很强，使用方便，具有增大空间感的功能，能有效增加收纳量。在卫生间内设置梳妆镜柜要根据卫生间面积与形态进行设计，可以选用的梳妆镜柜形式有很多。例如，当卫生间面积较小时，可以做一面镜的梳妆镜柜；当卫生间面积较大时，可以做两面镜的梳妆镜柜；当卫生间空间充裕时，可以做三面镜的梳妆镜柜。不同形式的梳妆镜柜的收纳设计与尺寸如下表所示：

梳妆镜柜收纳形式与尺寸

名称	外观图	内部图	尺寸图
一面镜			1100 900
两面镜			1100 900
三面镜			1100 900

二、侧边柜

1. 深200 mm侧边柜

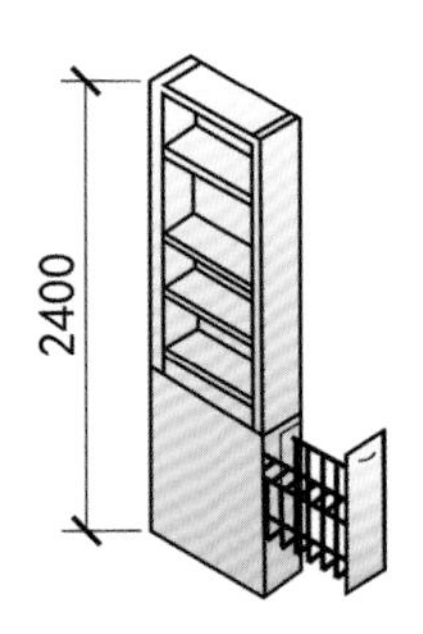

→深200 mm侧边柜结构示意图

（1）柜体上层：上半部设计为开敞式，主要放置护肤品、化妆品、牙刷、吹风机、剃须刀等常用物品。

（2）柜体下层：下半部设计为推拉式，主要放置洗衣粉、柔顺剂等洗衣用品，但是不便于拿取。

↑开敞式储物柜收纳

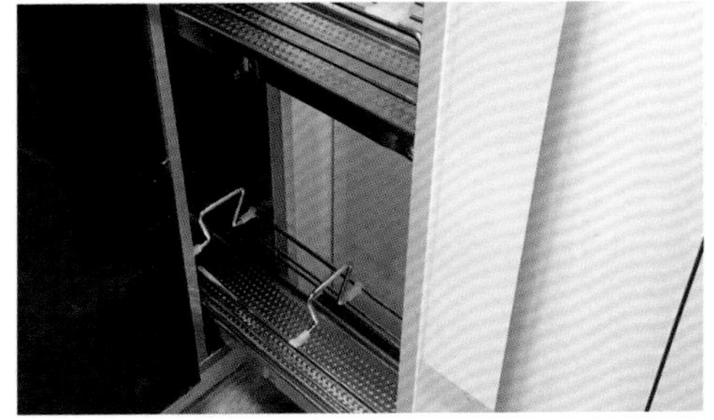

↑推拉式储物柜收纳

2. 深350 mm侧边柜

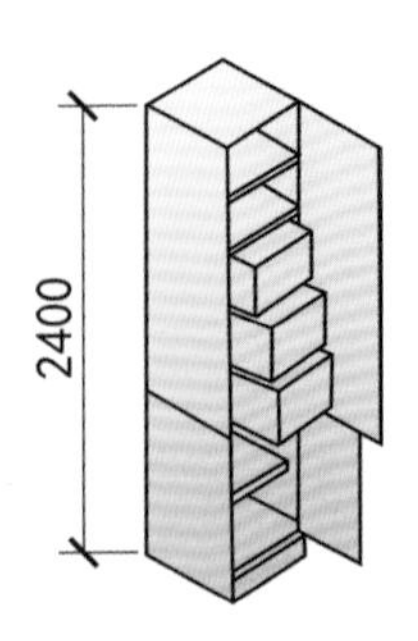

←深350 mm侧边柜结构示意图

（1）柜体上层：上层主要放置备用化妆品、家庭急救箱等不常用的轻型物品。

（2）柜体中层：中层设置推拉篮，主要放置备用毛巾、浴巾、干净衣物等物品，在柜门上安装挂钩，能挂放干净的刷子、浴巾、浴帽等物品，从而有效利用储藏空间。

（3）柜体底层：底层主要放置洗衣粉、备用沐浴露、备用手纸、备用香皂、卫生间洗洁剂等物品。

↑上层平开门储物柜收纳

↑带推拉篮的储物柜收纳

↑柜门收纳

↑底层平开门储物柜收纳

3. 深450 mm侧边柜

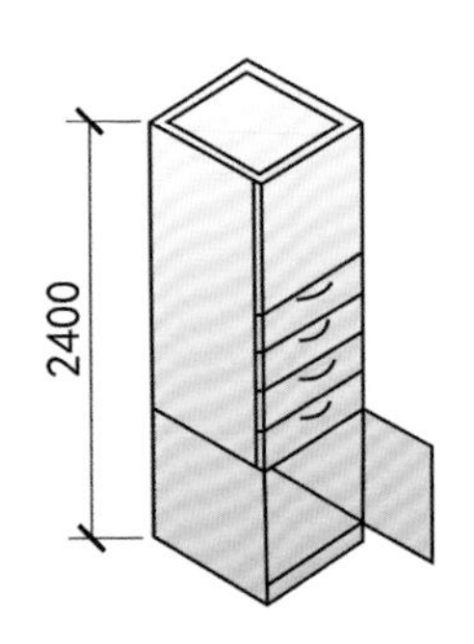

←深450 mm侧边柜结构示意图

（1）柜体上层：空间充裕，主要放置整包备用手纸、备用妇婴卫生用品等大件物品，还可以放置整理箱，用于收纳不常用的小件物品。

（2）柜体中层：设计为抽屉式，对小件物品进行细致分类，主要放置袜子、备用毛巾、外用药品、热水袋、刮胡刀、卷发器等物品。

（3）柜体底层：设计为拉篮式，主要放置换洗衣物等物品。

↑第一层抽屉收纳展示

↑第二层抽屉收纳展示

↑第三层抽屉收纳展示

↑平开门储物柜收纳展示

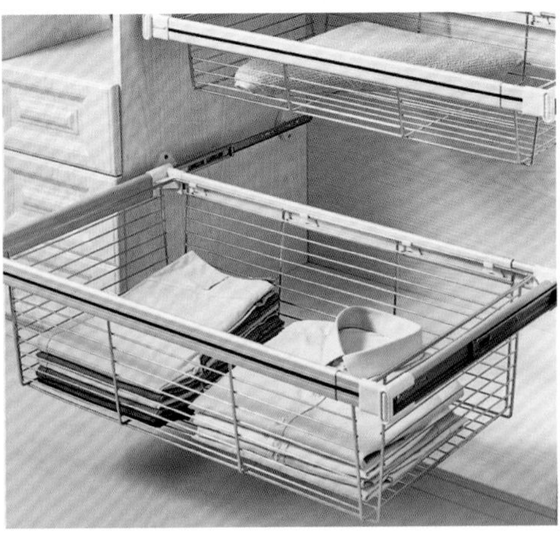

↑拉篮柜收纳展示

三、洗面盆下方储物柜

1. 柜式储物柜

卫生间洗面盆下方柜式储物柜可根据实际情况设计成多种组合形式。

↑单柜

优点：存储大件物品，如水桶、大瓶洗衣液、洗洁剂等。

缺点：缺少小件物品的收纳空间。

↑大柜+小柜

优点：容量大，既能收纳大件物品，如手纸、洗浴用品等，又能收纳备用浴巾、毛巾等，可以满足不同的收纳需求。

缺点：占用较大空间，会显得凌乱。

↑柜+抽屉

优点：既能存储水桶等大件物品，又能存放沐浴露、洗发水等体积略小的物品。

缺点：无法收纳中、小件物品。

↑大柜+小柜+抽屉

优点：可存储不同体积大小的物品，能将不同种类物品分区存放。

缺点：需占用较大空间，物品容易受潮，总体存放量不大。

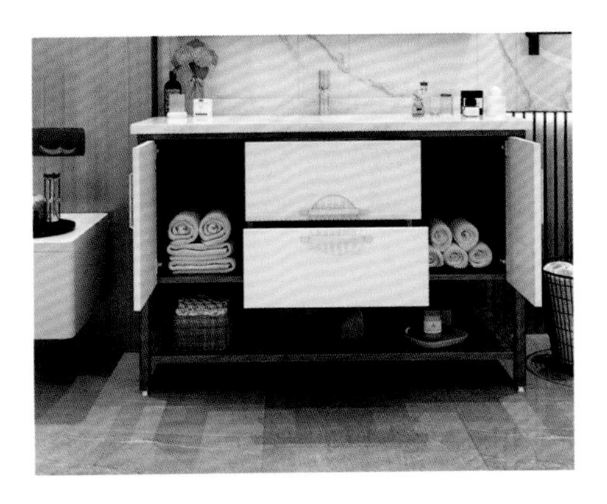

↑柜＋抽屉＋（底部）开放格

优点： 增加了一层搁板，能收纳的物品更多，可收纳零碎小物品。

缺点： 易藏污纳垢，内部采光弱不便查找物品。

↑柜＋（正面）开放格

优点： 综合容量大。

缺点： 柜内稍显凌乱，易藏污纳垢，容易被水溅湿。

2. 下空式储物柜

面盆下方为空当，可根据需要灵活利用这个空间。

↑化妆型储物柜

放置椅凳，使用更舒适，用于长时间化妆。

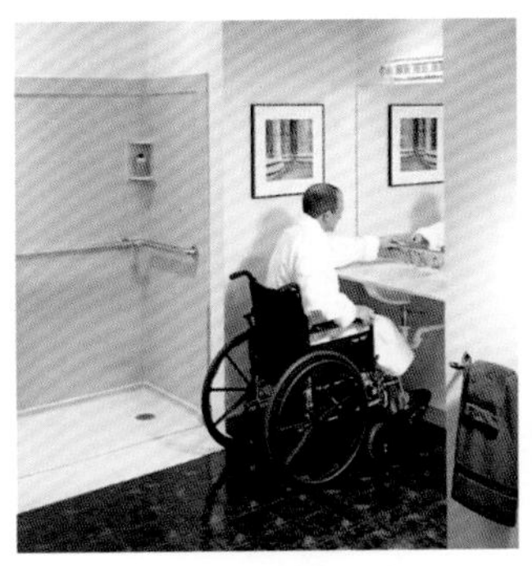

↑残疾人专用洗面盆

适合残疾人、老年人使用，能坐着轮椅使用洗面盆。

↑带洗衣机储物柜

洗衣机在洗面盆下方，空间紧凑，利用率高。

3.抽屉式储物柜

抽屉式储物柜常见设计形式有：洗面盆在侧边型、洗面盆在中间型、双洗面盆型。

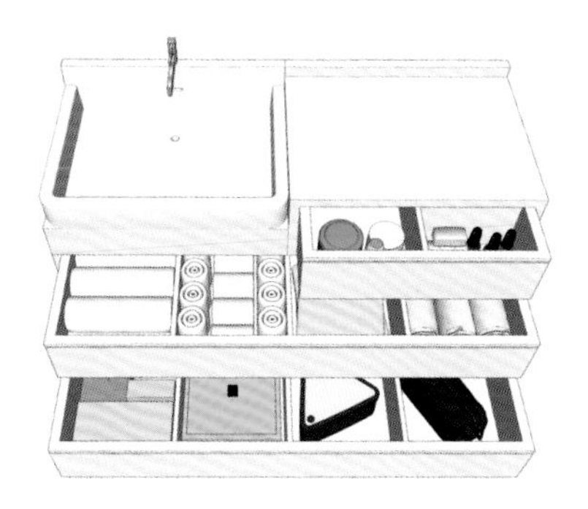

（a）展示示例

面盆在侧边，对面盆下的管道进行调整，将排水管道引入墙体中。

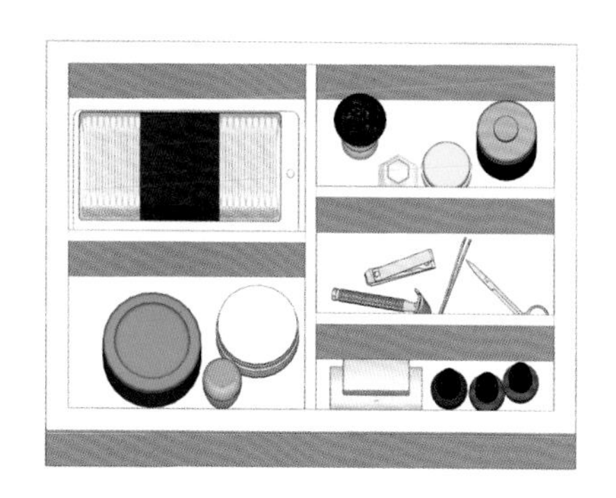

（b）第一层收纳形式

第一层抽屉放置剪刀、指甲刀、棉签等体量小的常用杂物。

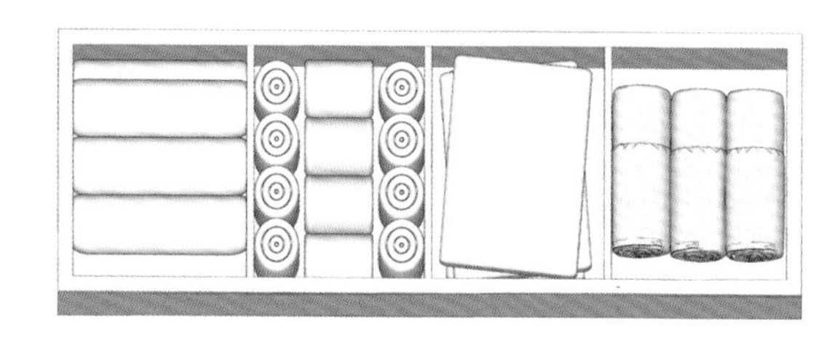

（c）第二层收纳形式

第二层抽屉放置备用毛巾、化妆棉、备用香皂、化妆水等形态规整的物品。

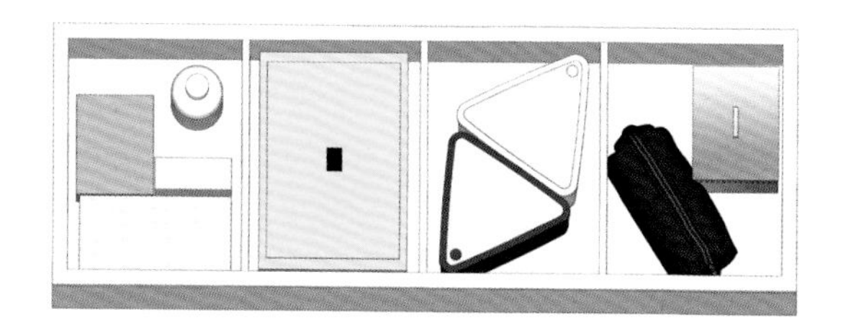

（d）第三层收纳形式

第三层抽屉应比上两层抽屉深度略大，以提高取拿物品的舒适度，可以放置不常用的大包物品或较重物品。

↑洗面盆在侧边型

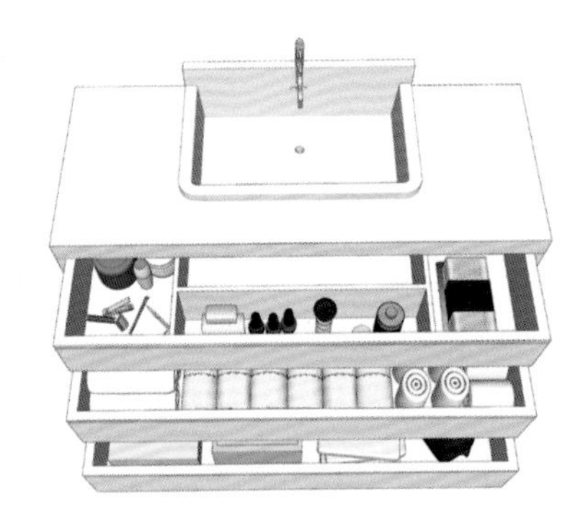

（a）展示示例

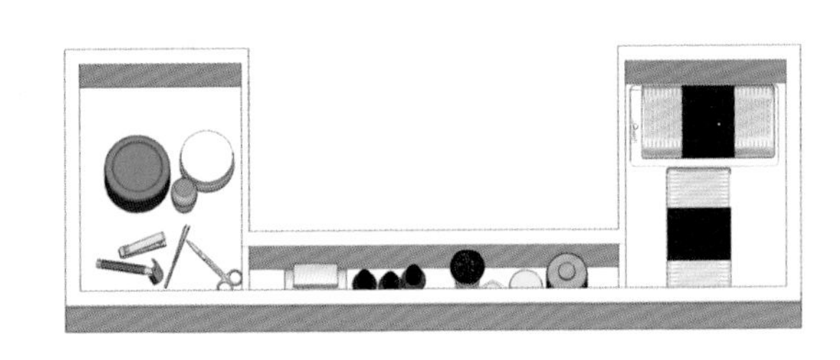

（b）第一层收纳形式

储物柜的洗面盆在中间，第一层与侧边型储物柜相似，将洗面盆下方的排水管重新整理，贴墙或入墙布置，洗面盆周围设有抽屉，用于存储剪刀、指甲刀、棉签等常用杂物。

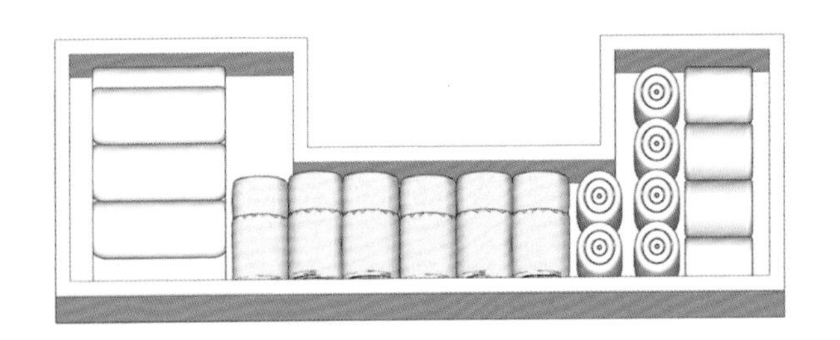

（c）第二层收纳形式

第二层、第三层避开水管位置，设计为较短的抽屉或U形抽屉，能有效利用这些边角空间。

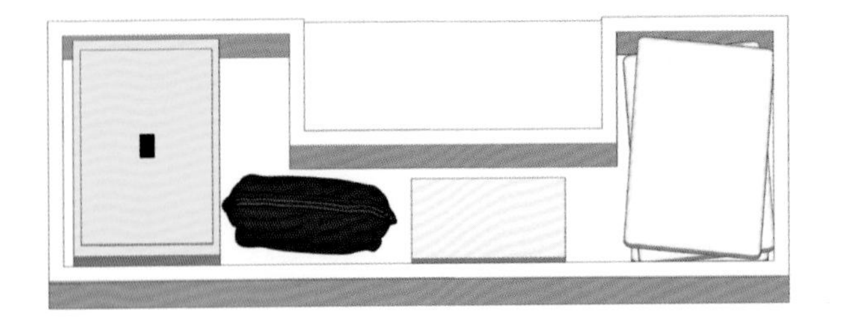

（d）第三层收纳形式

第三层抽屉放置不常用的备用物品。

↑洗面盆在中间型

面盆水管占用空间较大，已经很难再设计小抽屉，可以仅设计两层抽屉。

（a）展示示例

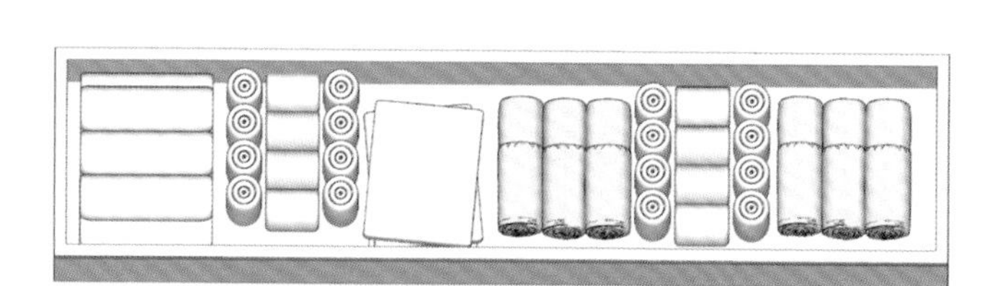

（b）第一层收纳形式

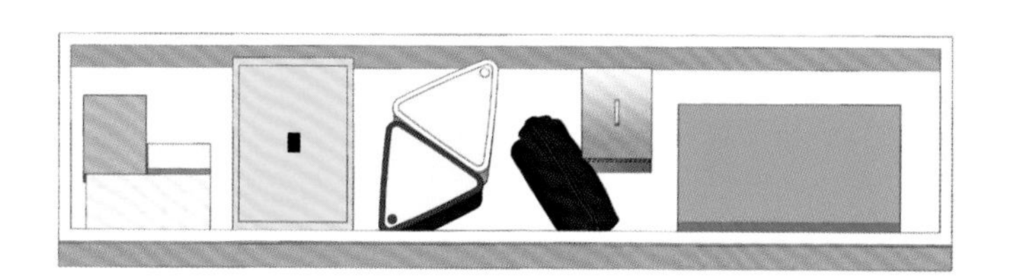

（c）第二层收纳形式

↑双洗面盆型

四、洗面盆旁台下抽屉

洗面盆旁台下抽屉可以根据实际需要设计为一层、两层、三层等形式。抽屉分格时应注意上、中、下三层抽屉的高度，按由浅到深的顺序来排列。

第一层主要放置剪刀、指甲刀、眉笔、化妆刷等；

第二层主要放置备用毛巾、大件化妆品等；

第三层主要放置洗衣粉、洗衣液、消毒液、洗涤剂等。

洗面盆旁的台下抽屉设计

名称	只有一层抽屉	有两层抽屉	有三层抽屉
台下抽屉图例			
第一层（浅）			
第二层（中等）			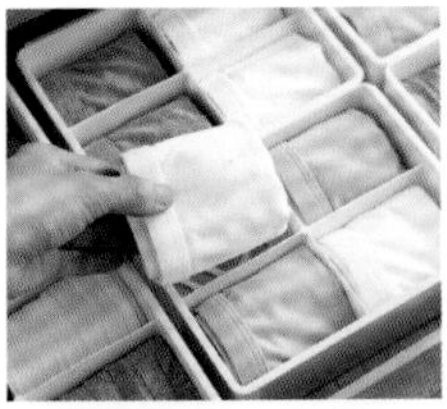
第三层（深）			

第八章

阳台

重点概念： 阳台储物柜。

本章导读： 阳台是室内空间向外延伸的窗口，是最亲近阳光的家居空间，然而许多业主家里的现实是阳台逐渐成为杂物的储藏室，失去了原有的价值。要想让阳台功能最大化，就要发掘一切可能，将阳台充分利用起来。使用各类收纳工具，不仅能扩大使用空间，还能显得创意十足。

第一节 阳台类型

从功能上划分，阳台可分为生活阳台与服务阳台。生活阳台供人们休闲、赏景、晾晒衣物、养花种草，服务阳台兼具洗衣、贮藏等功能。

一、按结构划分阳台类型

1. 凸阳台

凸阳台是以向外伸出的悬挑板、悬挑梁板作为阳台的地面，再由围板、围栏构成一个半室外空间。凸阳台的收纳能力较弱，不能放置较重物品，否则会对阳台楼板结构造成破坏。

2. 凹阳台

凹阳台是指凹进楼层外墙（柱）体的阳台。与凸阳台相比，凹阳台无论从建筑本身还是给人的感觉来看都显得更牢固可靠，安全系数会更大一些。凹阳台与室内空间的承载能力是相同的，是收纳空间拓展的最佳形式。

3. 复合阳台

复合阳台也称为半凸半凹式阳台，是指阳台的一部分悬在外面，另一部分占用室内空间。它集凸、凹两类阳台的优点于一身，也是较为理想的阳台类型。这类阳台的收纳应注意将重物放置在内凹部分，不应放在悬挑部分，尽量利用墙面来设计吊柜收纳物品。

↑凸阳台

↑凹阳台

凸阳台空间相对独立，视野更加开阔，能够灵活布局。

在高层建筑中，考虑到安全因素，一般凹阳台居多；在多层建筑中，则凸阳台居多。

→复合阳台

阳台的进深与宽度都很充足，使用、布局更加灵活自如，空间显得有所变化。

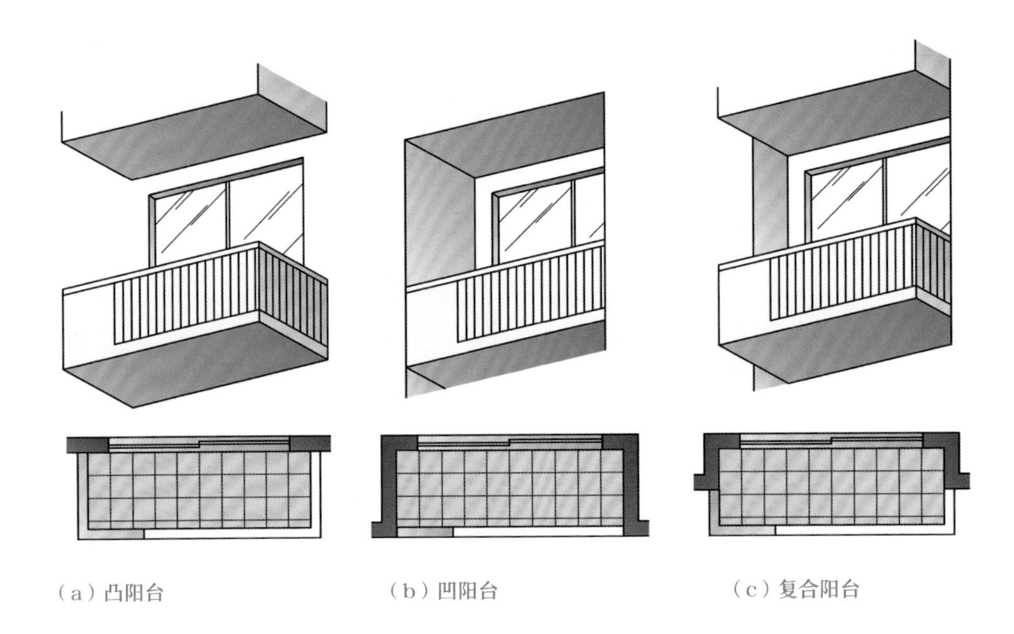

↑各类阳台的外形及平面结构

二、按状态划分阳台类型

1. 封闭式阳台

封闭式阳台是指用实体栏板、玻璃等物全部围闭的阳台，大多适用于塑钢或断桥铝窗户。另外要注意，房屋在规划、设计等环节都已确定为封闭的，才能视为封闭式阳台。封闭式阳台具有很好的隐私保护作用，同时，阳台封闭后阻挡了尘埃和噪声的污染，有助于保持居室的干净卫生。封闭式阳台完全属于室内空间，收纳的物品数量与体量仍应根据阳台的承重结构来确定，不宜设计较大甚至超大容量的储物柜，以免破坏楼板结构或阻碍采光。

↑封闭式阳台1

↑封闭式阳台2

不利于空气流通，夏季室内热量不易散发，冬季室内空气不易流通，这在一定程度上会影响人们的身体健康。具有很好的安全防范作用，同时也能有效扩大室内面积，将室内空间与阳台连成一个大空间。

2. 半封闭式阳台

半封闭式阳台又称为未封闭阳台，不仅能充分利用户外的阳光，让整个室内空间通透、明亮，还可以靠墙面设计储物柜收纳物品，但是木质柜体容易风化变形，可选用铝合金材料制作柜体。

↑半封闭式阳台

半封闭式阳台在炎热的夏天能让热量从阳台上散发出去，有利于室内空气的流通，使房屋达到良好的通透效果。

3. 转角弧形阳台

转角弧形阳台位于建筑体的特殊部位，在如今的住宅设计中有越来越多的设计采用这种阳台形式，这种阳台在视野上的开阔性给人带来一种全新的感受，180° 或270° 的观景阳台、落地窗观景台能够带来良好的视野效果。要特别注意，悬挑部位不宜设计大、重的家具收纳物品，可以根据需要封闭部分阳台空间满足收纳需求。

↑ 大转角弧形阳台

大转角弧形阳台能够最大范围地欣赏风景，带来良好的视觉感受。在一些新开发的楼盘中，可以看到越来越人性化的阳台设计，将室内与室外空间紧密相连。

→小转角弧形阳台

转角弧形阳台的空间利用率高，能对其进行拓展，放置部分家具，转变室内空间功能。

第二节 阳台收纳

要想让阳台功能最大化就要设想一切可能。首先，做好空间功能划分，想清楚需要对阳台哪些功能进行延伸。然后，在有限的空间里物尽其用，最大化地利用空间，以实用主义者的角度来看，任何一面空白墙都有利用价值。在墙面上安装置物板，用来收纳各种物品与摆件，整齐有序的排列能让墙面看起来整洁美观。最后，设计巧妙的收纳柜，柜体设计分为单体组合柜与洗衣组合柜两种模式，最好都能嵌入墙体。

一、洗衣机柜

通常设计师会将洗衣机设计在阳台，而为了整洁美观与储物收纳，可以定制合适的洗衣机柜。尤其是小户型阳台，洗衣机柜兼具收纳、洗衣、熨烫等功能。

定制洗衣机柜设计

洗衣机柜分类	实景图	设计要求	洗衣机柜分类	实景图	设计要求
面盆下方储物柜		确定洗衣机的尺寸，将洗衣机嵌入洗衣机柜中，将晾衣架、洗衣液、清洁工具全部放进柜内，台面更加整洁	吊柜+面盆下方抽屉		如果有养宠物，可以将宠物窝或其他工具放在阳台上，台盆下部空间能集多种功能于一体
吊柜+面盆下方储物柜		最大化利用阳台空间，底部放入洗衣机，上方设计吊柜，所获得的收纳空间更大	异型高柜		设计成高柜款式，侧边柜能放入扫帚或吸尘器，主体空间留给洗衣机与烘干机

二、储物柜

阳台储物柜设计要回避阳光直射或选用金属饰面柜门，同时也要将收纳空间赋予景观、休闲功能。

阳台储物柜设计

储物柜分类	实景图	设计要求	储物柜分类	实景图	设计要求
储物柜		如果衣柜不够用，则可以在阳台一侧设计顶天立地式储物柜，不易积灰尘，收纳容量也很大	玩具收纳架		铺上一张地毯，摆放一个收纳架，阳台还可以变身为儿童玩具室
书柜		将阳台设计成书房，书桌上方增设吊柜，能增加书籍收纳的功能	花架		阳台墙边摆放多层花架，除了摆放花盆，还能收纳其他物品
榻榻米		将连接到室内的阳台设计成榻榻米或地台形式，阳台两侧设计成储物柜，能增加不少收纳空间	地柜		环绕阳台设计一整排地柜，收纳能力非常强，外观也很整洁

阳台收纳设计实例

小阳台可以升级为洗衣房，如果厨房、卫生间、阳台相距比较近，阳台可以变成清洗瓜果蔬菜、抹布的地方，同时可以放置储物柜，用来收纳杂物，还可以添置洗衣机、烘干机，变成洗衣房。

↑小阳台门朝向厨房

换下脏衣物→洗衣物→晾晒衣物，在目前户型设计中，这三个步骤需要来回行走，使家务动线显得费时费力。

↑小阳台门朝向卫生间

将厨房通向小阳台的门设计成窗户，将卫生间开向小阳台的窗户扩宽改成门。将“脱下脏衣物→洗衣物→晾晒衣物”原本需要3个空间完成的活动进行重组，只需在阳台即可全部完成。